JN040806

実用数学技能検定® 数検

算数検定

公益財団法人 日本数学検定協会

まえがき

このたびは，算数検定にご興味を示してくださりありがとうございます。低学年のお子さま用として手に取っていただいた方が多いのではないでしょうか。

算数の学習といえば，たし算やひき算，九九，分数や小数などを思い浮かべる方が多いかもしれませんが，三角形や四角形，円などの図形も低学年から学び始める大切な内容の１つです。

お子さまと形について会話をしたことはありますか？

「どんな形が好きなのか」「どんな形が使われているのか」「形によってどんな特徴があるのか」かなど，いろいろな観点で話してみると，子どもたちの興味や発想に驚くことがあります。

数学の世界では図形や空間について研究する学問を幾何学といいます。「幾何」とはなんとも不思議なことばです。「幾何」は中国読みで「ジーホー」と発音しますが，その由来が気になり調べてみますと，ギリシャ語で“土地”を意味する geō の発音からの当て字として幾何（ジーホー）を使用したとのことでした（複数の説があります）。幾何学は英語では Geometry ですが，この Geo は英語でも“土地”や“地球”を意味することばであり，metry は“測量”を意味しています。つまり，幾何学の語源を探ると，土地，さらには地球を測るということにつながっていきます。そして，地球が出てくればその関心は宇宙へと広がっていきます。

現在，宇宙を巡って，人工衛星を使って車両の自動運転を支援したり，月面で野菜作りの研究が行われたりと日々話題が更新されています。しかしながら，人類がさまざまな課題と向き合いながら，宇宙での事業を検討するに至るには地球を測る学問であった Geometry（幾何学）の発展があることを忘れてはいけません。

お子さまが幾何学に興味をもつ最初の一歩はご家庭での形遊びになります。形遊びで経験したことが，ものの形に注目してその特徴を捉える力，身の回りの事象を図形の性質から考察する力となります。その延長線上に地球，そして宇宙の最先端の研究があるのです。

算数といえば数と計算が真っ先に頭に浮かぶと思いますが，ぜひ図形の領域にも関心をもっていただき，お子さまとも形について話をしてみてください。もしかすると，その経験が宇宙研究の最先端での活躍につながっていくかもしれません。そして，その学びの定着を確認するために算数検定の活用をご検討ください。

公益財団法人 日本数学検定協会

目 次

この本の使い方

この本は，親子で取り組むことができる問題集です。基本事項の説明，例題，練習問題の３ステップが４ページ単位で構成されているので，無理なく少しずつ進めることができます。おうちの方へ向けた役立つ情報も載せています。キャラクターたちのコメントも読みながら，楽しく学習しましょう。

1 基本事項の説明を読む

単元ごとにポイントをわかりやすく説明しています。

単元の重要なポイントや公式をまとめています。

考え方のヒントや注意するポイントなどをアドバイスしています。

2-3 かけ算

いちごが　4こ　のった　おさらが　3さら　あると　いちごの　ぜんぶの　数を　考えます。

4　×　3　＝　12
1つ分の　数　いくつ分　ぜんぶの　数

4を　かけられる数，
3を　かける数と　いいます。
かけ算は　同じ　数の　まとまりが　いくつ分　あるか　考えて，ぜんぶの　数を　もとめる　計算です。
（1つ分の　数）×（いくつ分）
＝（ぜんぶの　数）
で，計算します。

かける数

	1	2	3	4	5	6	7	8	9
1	1	2	3	4	5	6	7	8	9
2	2	4	6	8	10	12	14	16	18
3	3	6	9	12	15	18	21	24	27
4	4	8	12	16	20	24	28	32	36
5	5	10	15	20	25	30	35	40	45
6	6	12	18	24	30	36	42	48	54
7	7	14	21	28	35	42	49	56	63
8	8	16	24	32	40	48	56	64	72
9	9	18	27	36	45	54	63	72	81

かけられる数

九九の　ひょう

かけられる数が　4
かける数が　3で
4×3＝12

大切 かける数が　1　ふえると，答えは　かけられる数だけ　大きく　なる。
かけ算では，かけられる数と　かける数を　入れかえても，答えは　同じに　なる。

おうちの方へ　いちご4個が3皿分ある場合，かけ算の式では“4×3”と表せます。計算するときは，4を3回たし算するのと同じことと捉え，“4＋4＋4”を求めればよいです。この“4＋4＋4”のように，同じ数を何回も加えるたし算を同数累加といいます。かけ算はたし算ともいえます。

52

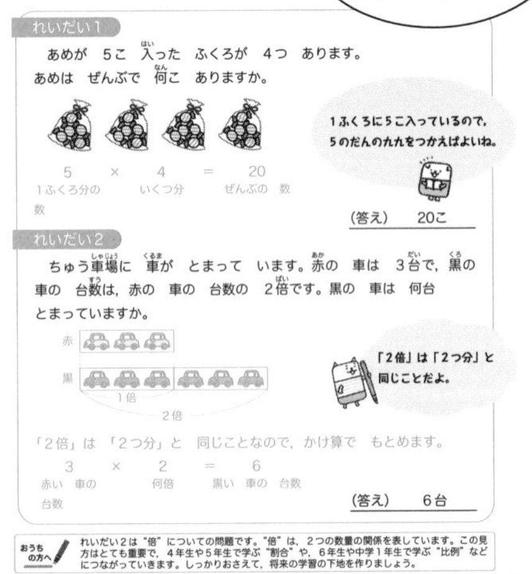
れいだい1

あめが　5こ　入った　ふくろが　4つ　あります。あめは　ぜんぶで　何こ　ありますか。

5　×　4　＝　20
1ふくろ分の数　いくつ分　ぜんぶの　数

1ふくろに5こ入っているので，5のだんの九九をつかえばよいね。

（答え）　20こ

れいだい2

ちゅう車場に　車が　とまって　います。赤の　車は　3台で，黒の　車の　台数は，赤の　車の　台数の　2倍です。黒の　車は　何台　とまっていますか。

赤
黒
1倍
2倍

「2倍」は「2つ分」と同じことだよ。

「2倍」は「2つ分」と　同じことなので，かけ算で　もとめます。

3　×　2　＝　6
赤い　車の台数　何倍　黒い　車の　台数

（答え）　6台

おうちの方へ　れいだい2は“倍”についての問題です。“倍”は，2つの数量の関係を表しています。この見方はとても重要で，4年生や5年生で学ぶ“割合”や，6年生や中学1年生で学ぶ“比例”などにつながっていきます。しっかりおさえて，将来の学習の下地を作りましょう。

53

さんかく耳の親犬。こかくのために教え方を研究中。

2 例題を使って理解を確かめる

基本事項の説明で理解した内容を，例題を使って確認しましょう。
キャラクターのコメントを読みながら学べます。

練習問題を解く

各単元で学んだことを定着させるための，練習問題です。

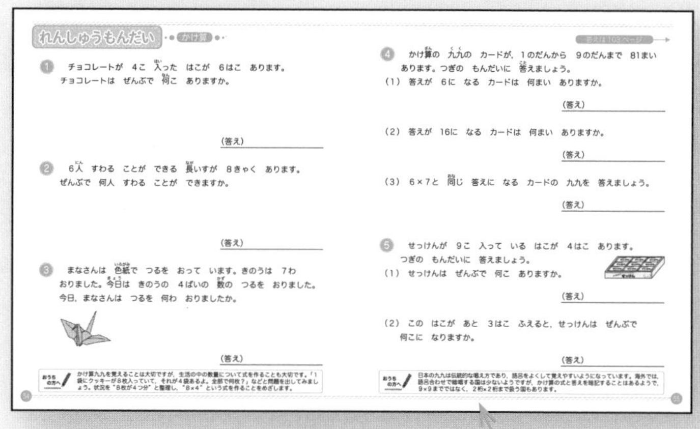

れんしゅうもんだい　かけ算

答えは103ページ

1　チョコレートが　4こ　入った　はこが　6はこ　あります。
チョコレートは　ぜんぶで　何こ　ありますか。

（答え）

2　6人　すわる　ことが　できる　長いすが　8きゃく　あります。
ぜんぶで　何人　すわる　ことが　できますか。

（答え）

3　まなさんは　色紙で　つるを　おって　います。きのうは　7わ
おりました。今日は　きのうの　4ばいの　数の　つるを　おりました。
今日，まなさんは　つるを　何わ　おりましたか。

（答え）

おうちの方へ　かけ算九九を覚えることは大切ですが，生活の中の数量について式を作ることも大切です。「1袋にクッキーが8枚入っていて，それが4袋あるよ。全部で何枚？」などと問題を出してみましょう。状況を"8枚が4つ分"と整理し，"8×4"という式を作ることをめざします。

4　かけ算の　九九の　カードが，1のだんから　9のだんまで　81まい
あります。つぎの　もんだいに　答えましょう。
（1）答えが　6に　なる　カードは　何まい　ありますか。

（答え）

（2）答えが　16に　なる　カードは　何まい　ありますか。

（答え）

（3）6×7と　同じ　答えに　なる　カードの　九九を　答えましょう。

（答え）

5　せっけんが　9こ　入って　いる　はこが　4はこ　あります。
つぎの　もんだいに　答えましょう。
（1）せっけんは　ぜんぶで　何こ　ありますか。

（答え）

（2）この　はこが　あと　3はこ　ふえると，せっけんは　ぜんぶで
何こに　なりますか。

（答え）

おうちの方へ　日本の九九は伝統的な唱え方であり，語呂をよくして覚えやすいようになっています。海外では，語呂合わせで暗唱する国は少ないようですが，かけ算の式と答えを暗記することはあるようで，9×9まででではなく，2桁×2桁まで扱う国もあります。

おうちの方に向けた情報

教えるためのポイントなど，役立つ情報がたくさん載っています。

5 算数パーク

算数をより楽しんでいただくために，計算めいろや数遊びなどの問題をのせています。親子でチャレンジしてみましょう。

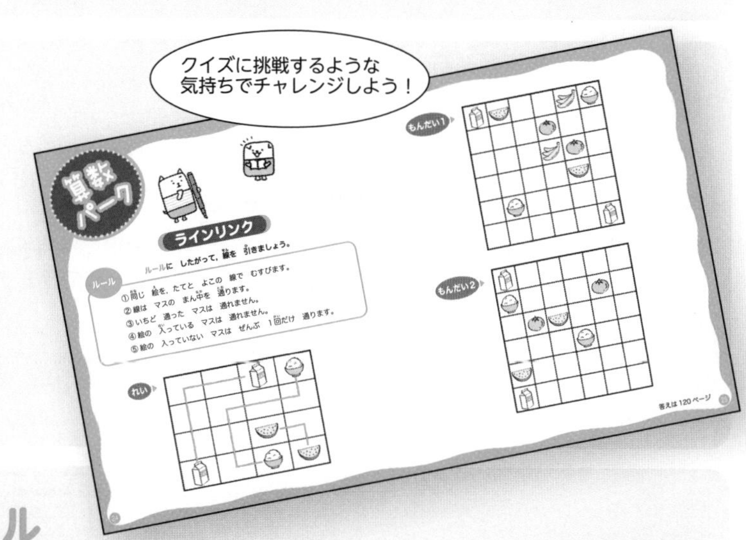

算数パーク

ラインリンク

ルールに　したがって，線を　引きましょう。

ルール
①同じ　絵を，たてと　よこの　線で　むすびます。
②線は　マスの　まん中を　通ります。
③いちど　通った　マスは　通れません。
④絵の　入っている　マスは　通れません。
⑤絵の　入っていない　マスは　ぜんぶ　1回だけ　通ります。

れい

もんだい1

もんだい2

答えは120ページ

別冊ミニドリル

計算を中心とした問題を４回分収録しています。解答用紙がついているので，算数検定受検の練習にもなります。

検定概要

「実用数学技能検定」とは

「実用数学技能検定」(後援＝文部科学省。対象：1 ～ 11 級)は，数学・算数の実用的な技能(計算・作図・表現・測定・整理・統計・証明)を測る「記述式」の検定で，公益財団法人日本数学検定協会が実施している全国レベルの実力・絶対評価システムです。

検定階級

1 級，準 1 級，2 級，準 2 級，3 級，4 級，5 級，6 級，7 級，8 級，9 級，10 級，11 級，かず・かたち検定のゴールドスター，シルバースターがあります。おもに，数学領域である 1 級から 5 級までを「数学検定」と呼び，算数領域である 6 級から 11 級，かず・かたち検定までを「算数検定」と呼びます。

1 次：計算技能検定／ 2 次：数理技能検定

数学検定(1 ～ 5 級)には，計算技能を測る「1 次：計算技能検定」と数理応用技能を測る「2 次：数理技能検定」があります。算数検定(6 ～ 11 級，かず・かたち検定)には，1 次・2 次の区分はありません。

「実用数学技能検定」の特長とメリット

①「記述式」の検定

解答を記述することで，答えに至る過程や結果について理解しているかどうかをみることができます。

②学年をまたぐ幅広い出題範囲

準 1 級から 10 級までの出題範囲は，目安となる学年とその下の学年の 2 学年分または 3 学年分にわたります。1 年前，2 年前に学習した内容の理解についても確認することができます。

③取り組みがかたちになる

検定合格者には「合格証」を発行します。算数検定では，合格点に満たない場合でも，「未来期待証」を発行し，算数の学習への取り組みを証します。

合格証

未来期待証

受検方法

受検方法によって，検定日や検定料，受検できる階級や申込方法などが異なります。
くわしくは公式サイトでご確認ください。

個人受検

日曜日に年 3 回実施する個人受検 A 日程と，土曜日に実施する個人受検 B 日程があります。
個人受検 B 日程で実施する検定回や階級は，会場ごとに異なります。

団体受検

団体受検とは，学校や学習塾などで受検する方法です。団体が選択した検定日に実施されます。
くわしくは学校や学習塾にお問い合わせください。

検定日当日の持ち物

持ち物＼階級	1～5 級 1 次	1～5 級 2 次	6～8 級	9～11 級	かず・かたち検定
受検証(写真貼付)[※1]	必須	必須	必須	必須	
鉛筆またはシャープペンシル(黒の HB・B・2B)	必須	必須	必須	必須	必須
消しゴム	必須	必須	必須	必須	必須
ものさし (定規)		必須	必須	必須	
コンパス		必須	必須		
分度器			必須		
電卓 (算盤)[※2]		使用可			

※ 1　団体受検では受検証は発行・送付されません。
※ 2　使用できる電卓の種類　〇一般的な電卓　〇関数電卓　〇グラフ電卓
　　通信機能や印刷機能をもつもの，携帯電話・スマートフォン・電子辞書・パソコンなどの電卓機能は使用できません。

階級の構成

<table>
<tr><th></th><th>階級</th><th>構成</th><th>検定時間</th><th>出題数</th><th>合格基準</th><th>目安となる学年</th></tr>
<tr><td rowspan="7">数学検定</td><td>1級</td><td rowspan="7">1次：
計算技能検定

2次：
数理技能検定

があります。

はじめて受検するときは1次・2次両方を受検します。</td><td rowspan="2">1次：60分
2次：120分</td><td rowspan="2">1次：7問
2次：2題必須・
5題より
2題選択</td><td rowspan="7">1次：
全問題の
70%程度

2次：
全問題の
60%程度</td><td>大学程度・一般</td></tr>
<tr><td>準1級</td><td>高校3年程度
（数学Ⅲ・数学C程度）</td></tr>
<tr><td>2級</td><td rowspan="2">1次：50分
2次：90分</td><td>1次：15問
2次：2題必須・
5題より
3題選択</td><td>高校2年程度
（数学Ⅱ・数学B程度）</td></tr>
<tr><td>準2級</td><td>1次：15問
2次：10問</td><td>高校1年程度
（数学Ⅰ・数学A程度）</td></tr>
<tr><td>3級</td><td rowspan="3">1次：50分
2次：60分</td><td rowspan="3">1次：30問
2次：20問</td><td>中学校3年程度</td></tr>
<tr><td>4級</td><td>中学校2年程度</td></tr>
<tr><td>5級</td><td>中学校1年程度</td></tr>
<tr><td rowspan="6">算数検定</td><td>6級</td><td rowspan="8">1次／2次の区分はありません。</td><td rowspan="3">50分</td><td rowspan="3">30問</td><td rowspan="6">全問題の
70%程度</td><td>小学校6年程度</td></tr>
<tr><td>7級</td><td>小学校5年程度</td></tr>
<tr><td>8級</td><td>小学校4年程度</td></tr>
<tr><td>9級</td><td rowspan="5">40分</td><td rowspan="3">20問</td><td>小学校3年程度</td></tr>
<tr><td>10級</td><td>小学校2年程度</td></tr>
<tr><td>11級</td><td>小学校1年程度</td></tr>
<tr><td rowspan="2">かず・かたち検定</td><td>ゴールドスター</td><td rowspan="2">15問</td><td rowspan="2">10問</td><td rowspan="2">幼児</td></tr>
<tr><td>シルバースター</td></tr>
</table>

10級の検定基準（抄）

検定の内容	技能の概要	目安となる学年
百の位までのたし算・ひき算，かけ算の意味と九九，簡単な分数，三角形・四角形の理解，正方形・長方形・直角三角形の理解，箱の形，長さ・水のかさと単位，時間と時計の見方，人数や個数の表やグラフ など	**身近な生活に役立つ基礎的な算数技能** ①商品の代金・おつりの計算ができる。 ②同じ数のまとまりから，全体の数を計算できる。 ③リボンの長さ・コップに入る水の体積を単位を使って表すことができる。 ④身の回りにあるものを分類し，整理して簡単な表やグラフに表すことができる。	小学校2年程度
個数や順番，整数の意味と表し方，整数のたし算・ひき算，長さ・広さ・水の量などの比較，時計の見方，身の回りにあるものの形とその構成，前後・左右などの位置の理解，個数を表す簡単なグラフ など	**身近な生活に役立つ基礎的な算数技能** ①画用紙などを合わせた枚数や残りの枚数を計算して求めることができる。 ②鉛筆などの長さを，他の基準となるものを用いて比較できる。 ③缶やボールなど身の回りにあるものの形の特徴をとらえて，分けることができる。	小学校1年程度

10級の検定内容の構造

小学校２年程度	小学校１年程度	特有問題
45%	45%	10%

※割合はおおよその目安です。
※検定内容の 10% にあたる問題は，実用数学技能検定特有の問題です。

問題

1-1 数と　じゅん番

ものの　数を　数える

じゅん番に　1，2，3，4，5，6，7，8，9，10…と　数えます。

数えたら，数を　「数字」で　あらわします。いちごは　5こです。

大切　**ものの　数は　数字で　あらわす。**

じゅん番を　数える

左から　3こめ

「左から　3こめ」の　りんごは，○が　ついた　1こだけです。

左から　3こ

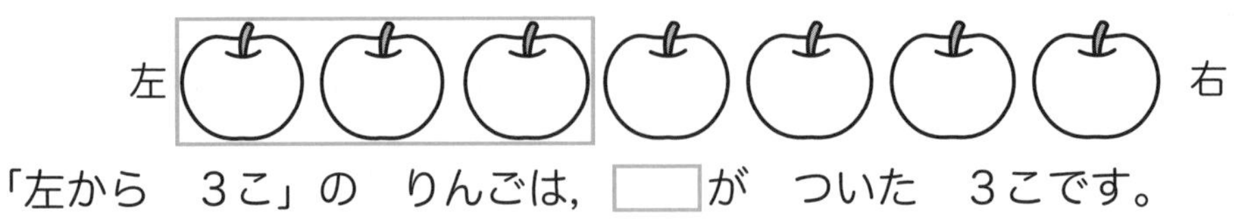

「左から　3こ」の　りんごは，□が　ついた　3こです。

大切　**「左から　3こめ」は　左から　3番めの　もの　1こを　さす。**
「左から　3こ」は　左から　3番めまでの　ぜんぶを　さす。

「1-1 数と　じゅん番」から「1-7 いろいろな　形」までは，1年生で学ぶ内容です。スラスラできたら，1年生の内容がしっかり定着しているということですから，たくさんほめてあげてください。もっと算数が好きになってもらえたらうれしいです。

れいだい1

下(した)の 絵(え)の 中(なか)で，6と おなじ 数の ものは どれですか。

あ 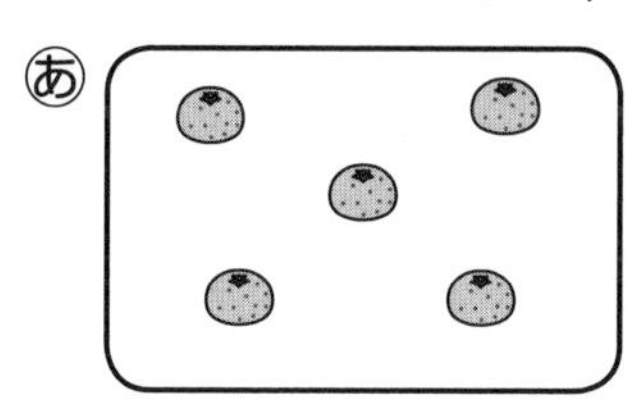 い 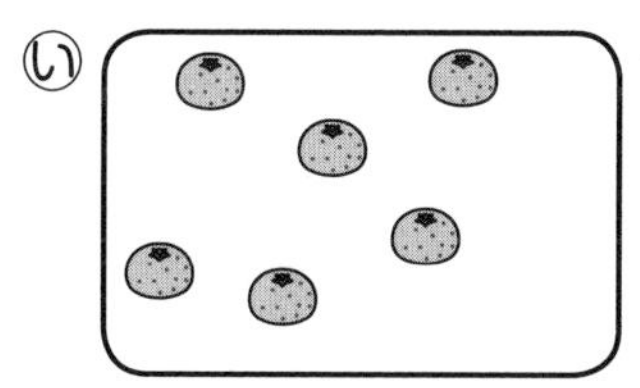 う 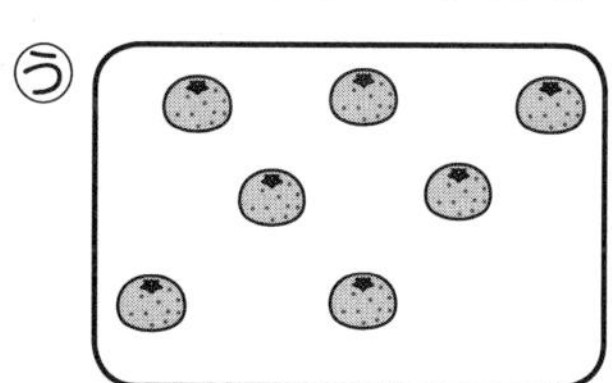

みかんに ／の しるしを つけながら 数えます。

あ 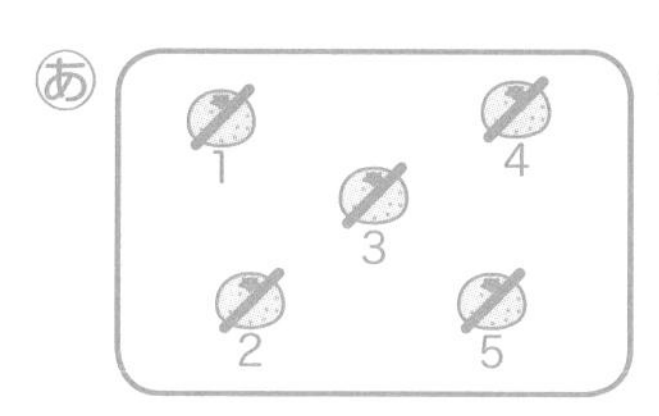 い 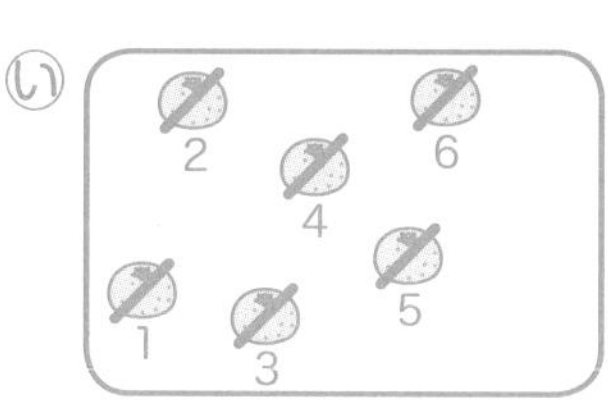 う 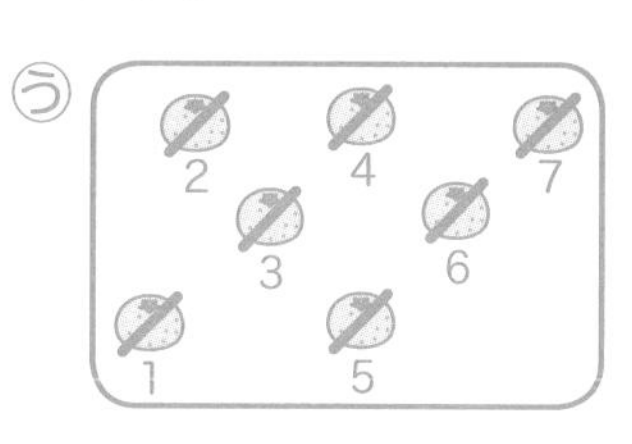

みかんの 数が 6こなのは ⓘです。

(答え) い

れいだい2

おはじきが 7こ ならんで います。

左 ✿✿✿✿✿✿✿ 右

(1) 右から 5番めの おはじきに ○を つけましょう。

(2) 左から 3この おはじきに ○を つけましょう。

(1) 「右から 5番め」の おはじきは 1こだけです。

(答え) 左 ✿✿✿✿✿✿✿ 右

(2) 「左から 3こ」の おはじきは 3こです。

(答え) 左 ✿✿✿✿✿✿✿ 右

おうちの方へ
“右から５こめ”など順番を表す数を順序数，“左から３こ”など集まったものの大きさを表す数を集合数といいます。区別がつかないときは，別々に練習するよう，家にあるものなど具体的なものを使って，違いを印象付けましょう。

れんしゅうもんだい　数と　じゅん番

1　5と　同じ　数の　ものは　どれですか。あから　えまでの　中から　1つ　えらびましょう。

あ

い
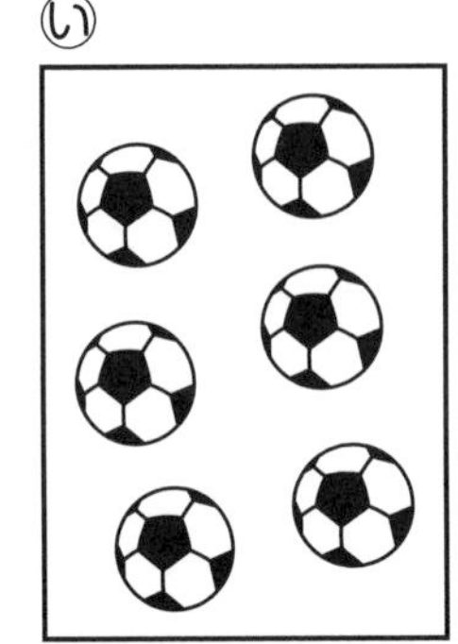
う
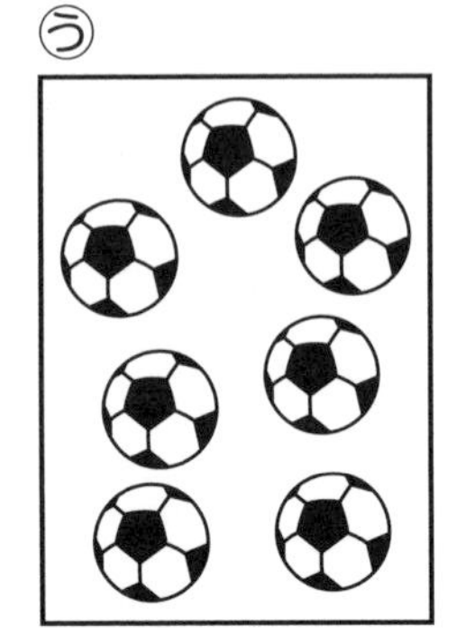
え
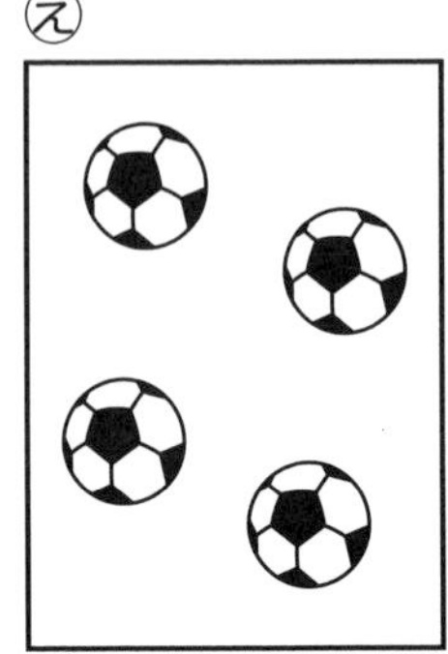

(答え)＿＿＿＿＿＿＿＿

2　みかんが　8こ　ならんで　います。つぎの　もんだいに　答えましょう。

（1）左から　5こめの　みかんに　色を　ぬりましょう。

左 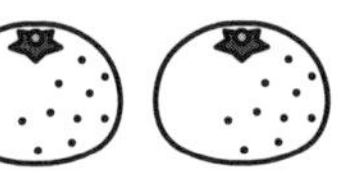 右

（2）右から　4この　みかんに　色を　ぬりましょう。

左 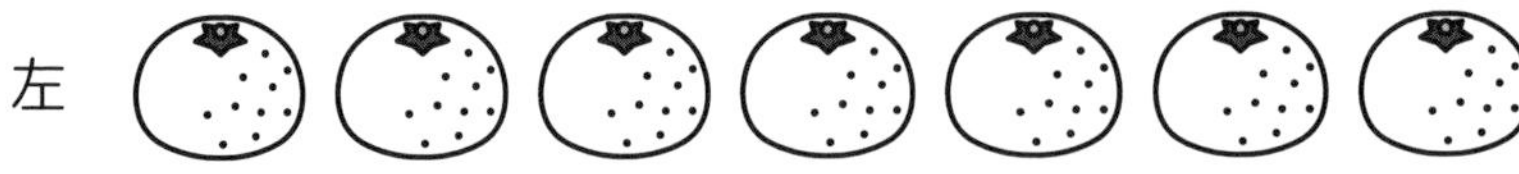 右

つまずいたり悩んだりしたときは，ゆっくり復習の時間をつくりましょう。まずは教科書の振り返りから始めてみてください。「いま苦手が見つかってよかった！」とプラスに捉え，これを機会に苦手な分野がなくなるように進めていきましょう。

答えは 92 ページ

3 下の 絵のような ロッカーが あります。ロッカーには，つかう 人の 名前が 書いて あります。つぎの もんだいに 答えましょう。

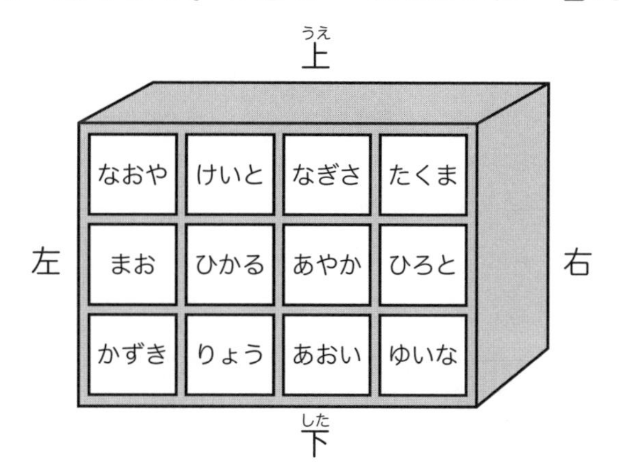

（1） りょうさんが つかって いる ロッカーは 左から 何番めで，上から 何番めですか。

(答え) ____________________

（2） あやかさんが つかって いる ロッカーは 右から 何番めで，下から 何番めですか。

(答え) ____________________

（3） 右から 3番めで，下から 3番めの ロッカーを つかって いる 人は だれですか。

(答え) ____________________

“左から○個め”と“左から○個”が区別できなくなることは，低学年では珍しいことではありません。さらに③では“左から”と“上から”など２つの方向から位置を考える必要があります。「タンスの上から２番めで左から１番めに○○を入れるね」など，生活の中で練習してみましょう。

1－2 10より　大きい　数

大きい　数を　数える

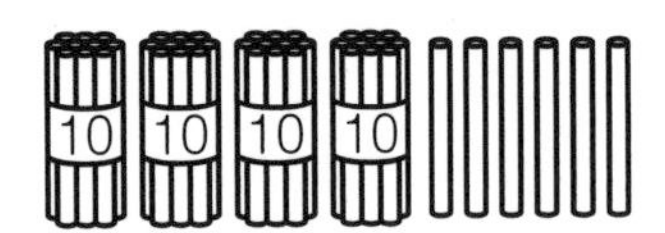

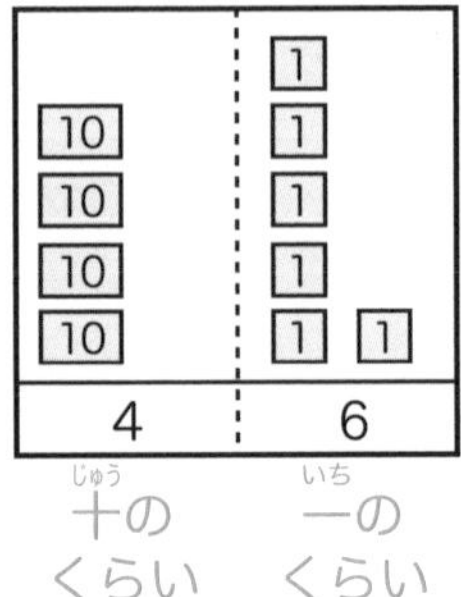

10が　4こで　40,

1が　6こで　6,

40と　6で　46です。

100と　17で　117です。

大切　1が　10こで　10，10が　10こで　100と　あらわす。

数の線

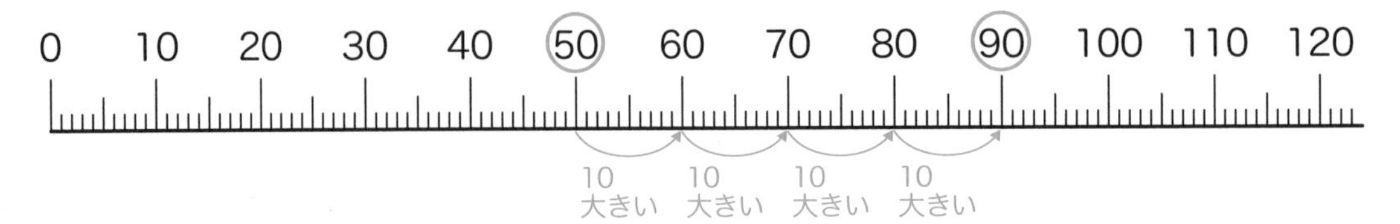

50より　40　大きい　数は　90です。

大切　数の線では　右に　すすむほど　数が　大きく　なる。

「1234」と「千二百三十四」は，どちらも同じ数を表していますが，表現の形式が違います。計算するときは，それぞれの位の位置が決まっている「1234」が便利です。筆算にすると計算のしやすさがよくわかるのではないでしょうか。

1234	千二百三十四
＋ 806	＋ 八百六

れいだい１

下の □ に　あてはまる　数を　答えましょう。

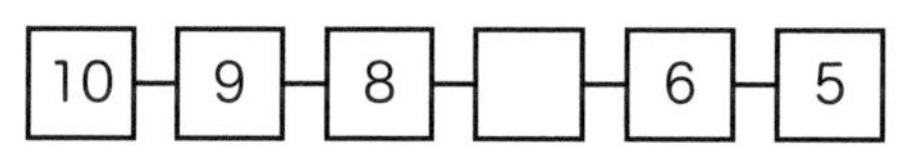

右に　すすむほど　数が　１つずつ　小さく　なって　います。

10 ─ 9 ─ 8 ─ □ ─ 6 ─ 5

１小さい

８より　１　小さい　数は　７です。

(答え)　7

れいだい２

下の □ に　あてはまる　数を　答えましょう。

（１）　10を　５こと，１を　３こ　合わせた　数は □ です。

（２）　80は　10を □ こ　あつめた　数です。

（１）　10が　５こで　50，
１が　３こで　３，
50と　３で　53です。

(答え)　53

（２）　80は　10が
８こ　あれば
できます。

(答え)　8

おうちの方へ

数としての０は，１つもないという意味に用いたり，108の０のように位が空位であることを表すのに用いたり，数直線の基準の位置を表すのに用いたりします。“１つもない”ということを０で表すことで，０を他の数字と同様に取り扱うことができるのです。

れんしゅうもんだい　10より　大きい　数

1 つぎの □ に　あてはまる　数(かず)を，下(した)の　カードの　中(なか)から　えらびましょう。

45　57　68　86　105

（1） 十(じゅう)のくらいが　8の　数は □ です。

(答え)

（2） 一(いち)のくらいが　5の　数は □ と □ です。

(答え)

（3） 100より　大(おお)きい　数は □ です。

(答え)

2 下の □ に　あてはまる　数を　答(こた)えましょう。

（1） 10を　8こと　1を　7こ　合(あ)わせた　数は □ です。

(答え)

（2） 38は，10を □ こと　1を □ こ　合わせた　数です。

(答え)

（3） 100より　6　大きい　数は □ です。

90　100　110

(答え)

おうちの方へ

10のまとまりがいくつあるかは“十のくらい”，ばらがいくつあるかは“一のくらい”で表します。右のような表を書いて考えてもよいでしょう。②（1）ならば，十のくらいに8が入りますね。

十のくらい	一のくらい

答えは93ページ

3 下の □に あてはまる 数を 答えましょう。

（1）
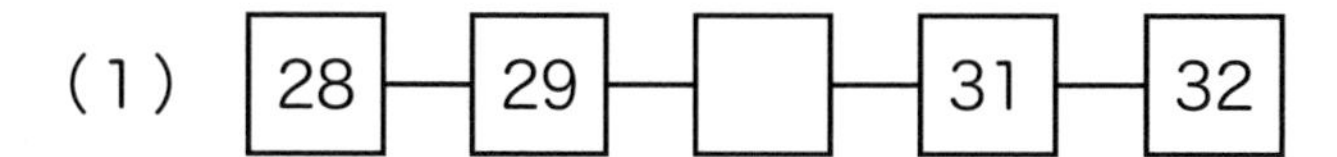

(答え)

（2）
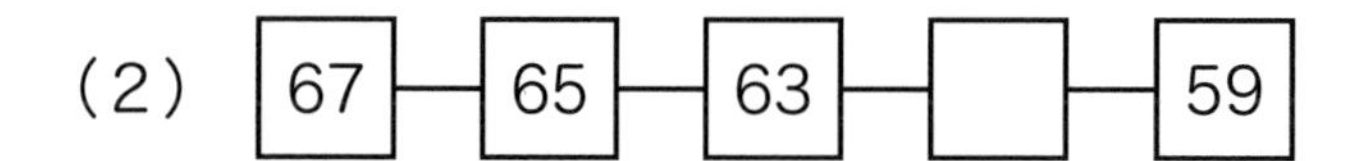

(答え)

4 下の 数の線(せん)を 見(み)て，㋐から ㋓までに あてはまる 数を 答えましょう。

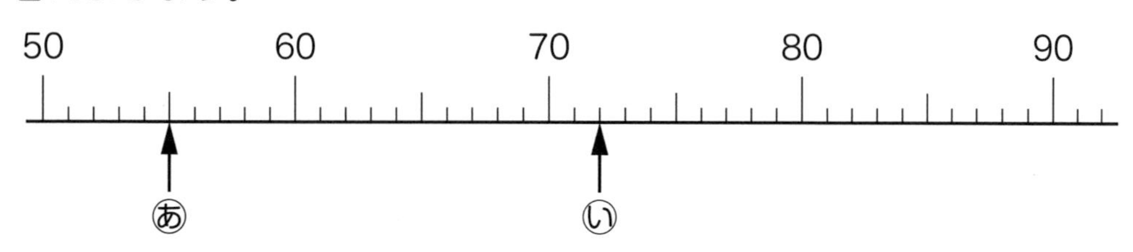

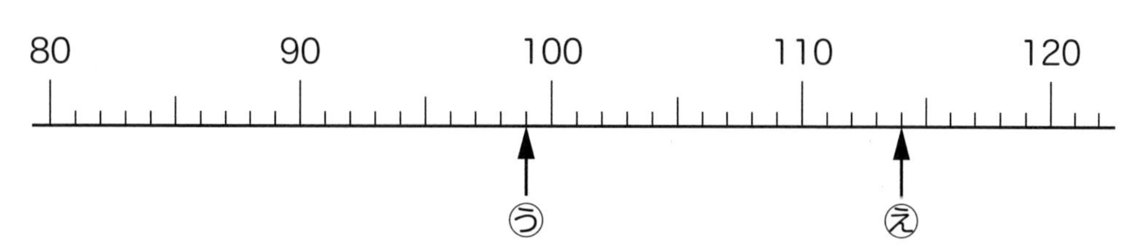

(答え)㋐ ㋑ ㋒ ㋓

おうちの方へ
並んでいる数のきまりを見つけることは，高等学校で学ぶ数学の内容までつながっていきます。カレンダーを見ながら日曜日の日付のきまりを考えたり，斜めに並ぶ日付の法則を話し合ったりしてみてください。

1-3 たし算と　ひき算（1）

24＋4の　計算

24に　4を　たすと　28です。

しきは　24＋4＝28と　かきます。

8＋3の　計算

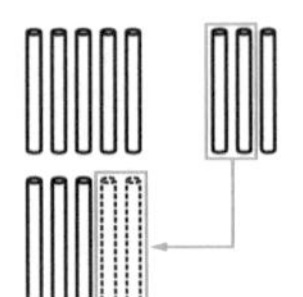

8は　あと　2で　10です。

3を　2と　1に　分けます。

8に　2を　たして　10，10と　1で　11です。

しきは　8＋3＝11と　かきます。

12－5の　計算

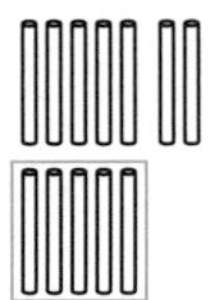

2から　5は　ひけません。

12を　10と　2に　分けます。

10から　5を　ひいて　5，5と　2で　7です。

しきは　12－5＝7と　かきます。

50－30の　計算

10の　まとまりで　考えると，

5から　3を　ひいて　2，10が　2こで　20です。

しきは　50－30＝20と　かきます。

大切　**2けたの　数と1けたの　数の　計算は，何十と　1けたの　数に　分けて 考える。**

何十の　計算は，10の　まとまりが　何こに　なるか　考える。

おうちの方へ

8＋3や12－5では，いろいろなやり方が考えられます。解説のやり方は一例に過ぎませんから，自分で「やりやすいな」と感じるやり方を見つけることが大切です，試行錯誤する機会をつくって，できてもできなくても，自分でしっかり考えたことをたくさんほめてあげてください。

れいだい１

クッキーが　37まい　あります。２まい
たべると　のこりは　何まいに　なりますか。

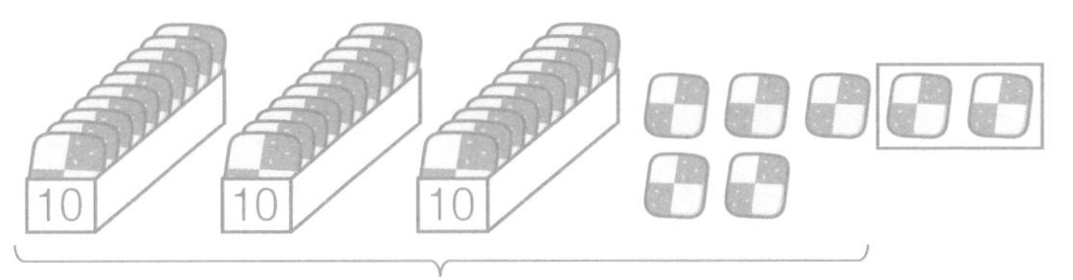

のこりは　35まい

37　－　2　＝　35
はじめの数　たべた数　のこりの数

「のこりの数」を
もとめるときは，
ひき算だね。

（答え）　35まい

れいだい２

赤（あか）い　えんぴつが　40本（ぽん），青（あお）い　えんぴつが
20本　あります。赤い　えんぴつと　青い
えんぴつは　合（あ）わせて　何本ですか。

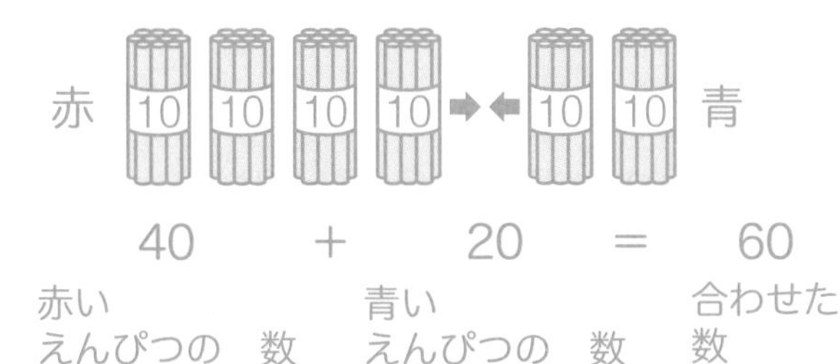

40　＋　20　＝　60
赤い えんぴつの　数　青い えんぴつの　数　合わせた 数

「合わせた数」を
もとめるときは，
たし算だよ。

（答え）　60本

暗算で答えを求めることができるのはすばらしいことです。暗算をしたときは，たくさんほめてあげたうえで，「式はどうなるかな」と式を書くことも意識してもらいましょう。式を書くことは，今後の強みになるはずです。

れんしゅうもんだい

たし算と　ひき算（１）

1　あかりさんは　カードを　32まい　もって　います。お姉さんに　6まい　もらいました。あかりさんの　もって　いる　カードは　何まいに　なりましたか。

（答え）＿＿＿＿＿＿＿＿

2　なおきさんは　ビー玉を　47こ　もって　います。まさやさんが　もって　いる　ビー玉の　数は，なおきさんが　もって　いる　ビー玉の　数より　5こ　少ないです。まさやさんの　もって　いる　ビー玉は　何こですか。

（答え）＿＿＿＿＿＿＿＿

3　赤い　チューリップが　8本　さいて　います。白い　チューリップは　赤い　チューリップより　9本　多く　さいて　います。白い　チューリップは　何本　さいて　いますか。

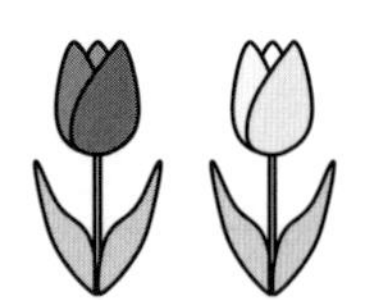

（答え）＿＿＿＿＿＿＿＿

③の計算はP.20の解説のやり方をすると，“８はあと２で10，９を２と７に分ける，８に２をたして10，10と７で17”となります。しかし，“９はあと１で10…”としてもよいですし，そろばんを使えば，また違うやり方になるでしょう。やり方の発見も楽しんでください。

答えは 95 ページ

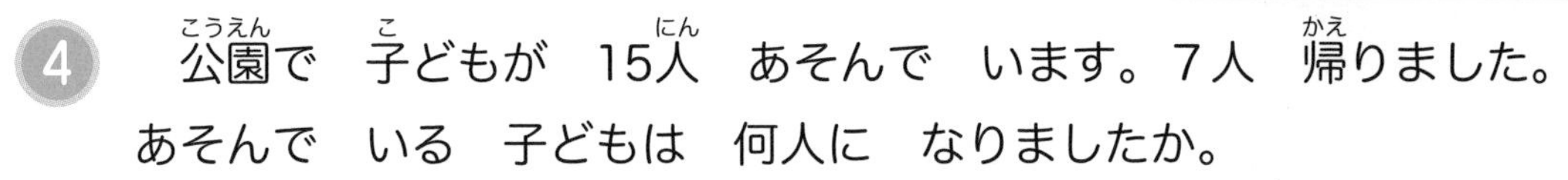

4　公園で　子どもが　15人　あそんで　います。7人　帰りました。
あそんで　いる　子どもは　何人に　なりましたか。

(答え)＿＿＿＿＿＿＿＿

5　あやさんは　あめを　50こ，まいさんは　あめを　40こ　もって
います。あめは　合わせて　何こですか。

(答え)＿＿＿＿＿＿＿＿

6　90円のチョコレートと，60円の　クッキーが　あります。
チョコレートは　クッキーより　何円　高いですか。

(答え)＿＿＿＿＿＿＿＿

おうちの方へ　かけ算の九九のように，たし算九九，ひき算九九もあります。文章題では式を作ることが大切ですが，かけ算の九九の暗記と同様に，1＋1＝2から9＋9＝18，2－1＝1から18－9＝9までの計算が反射的にできると，後々便利かもしれません。

ラインリンク

ルール

ルールに　したがって，線を　引きましょう。

① 同じ　絵を，たてと　よこの　線で　むすびます。
② 線は　マスの　まん中を　通ります。
③ いちど　通った　マスは　通れません。
④ 絵の　入っている　マスは　通れません。
⑤ 絵の　入っていない　マスは　ぜんぶ　１回だけ　通ります。

れい ▶

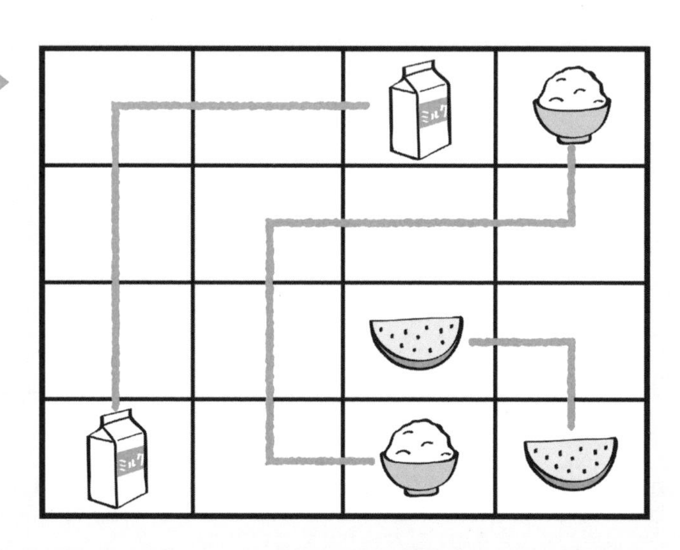

もんだい1

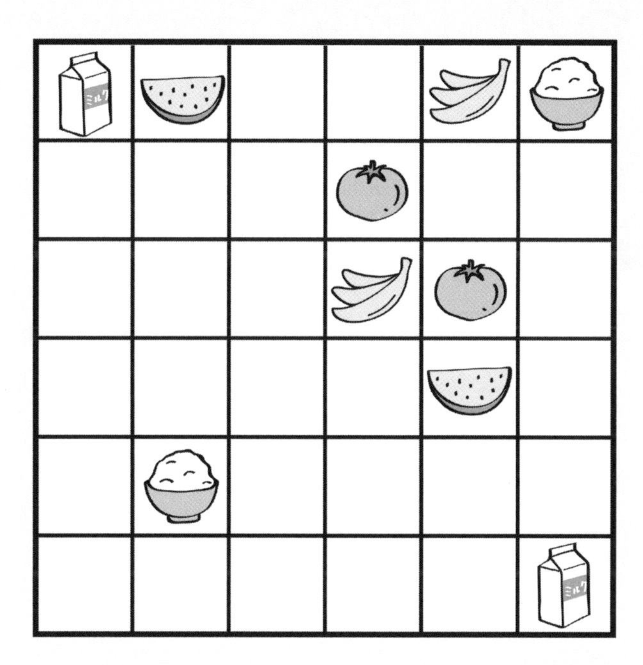

もんだい2

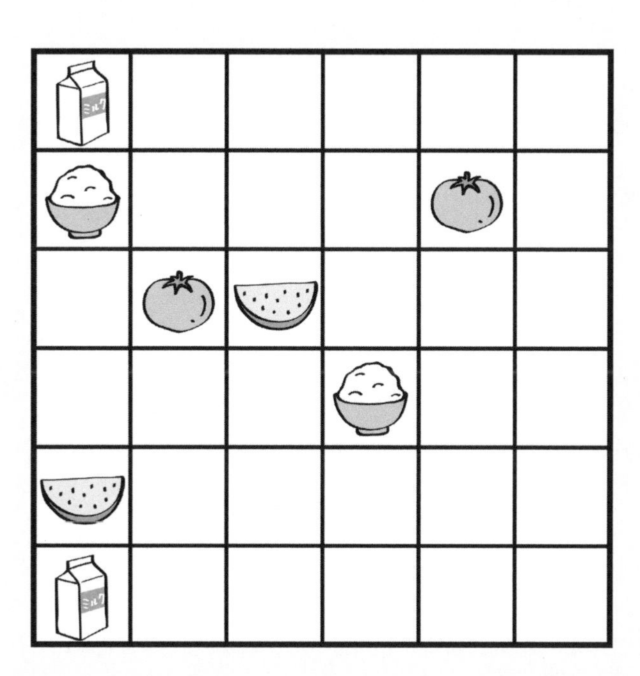

答えは 120 ページ

1-4 どちらが　長い

リボンの　長さを　くらべます。
はしを　そろえて　ならべます。

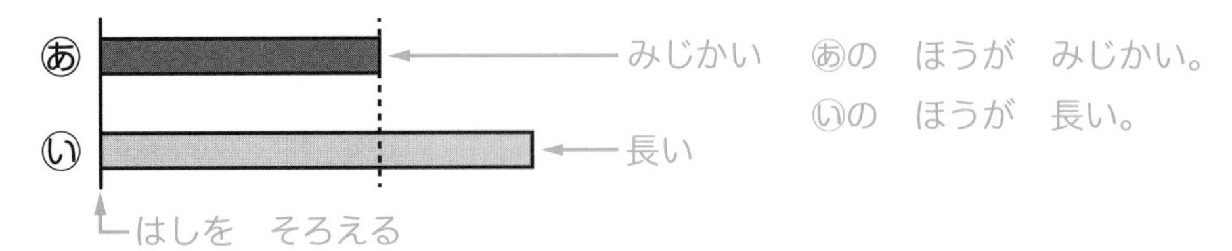

あの　ほうが　みじかい。
いの　ほうが　長い。

ますが　いくつ分　あるかで　長さを　くらべます。
ますの　数を　数えます。

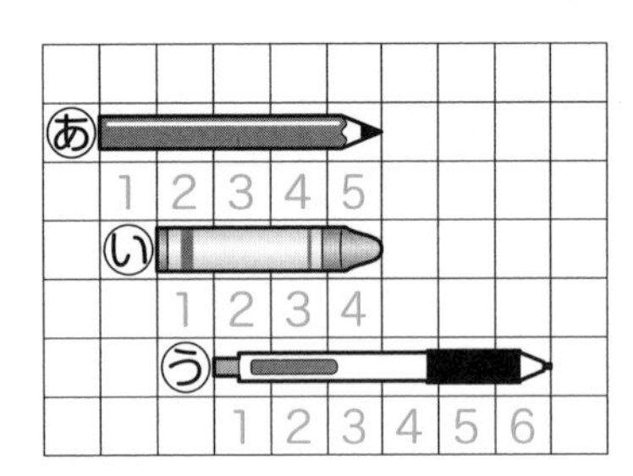

あは　ますが　5つ分，
いは　ますが　4つ分，
うは　ますが　6つ分。
いちばん　長いのは　う。

大切　**まっすぐな　ものの　長さは，はしを　そろえて　ならべて　くらべる。**
同じ　ものが　いくつ分　あるかで　長さを　くらべる　ことが　できる。

長さを比べたいものについて，直接並べたり重ねたりして長さを比べることを直接比較といいます。大きいものや動かせないものの長さを比べたいときは，紙テープや棒などに長さを写し取れば比べることができます。これを間接比較といいます。これらは数値が必要なく，比較の基礎です。

れいだい1

いちばん　長いのは　どれですか。

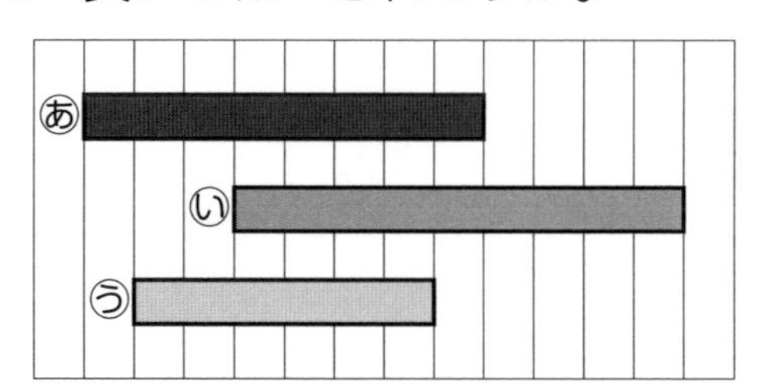

あは　目(め)もり　8つ分，いは　目もり　9つ分，
うは　目もり　6つ分なので，いちばん　長いのは　いです。

(答え)　い

れいだい2

同じ　大(おお)きさの　カードを　まっすぐに
つなげました。いちばん　みじかいのは
どれですか。

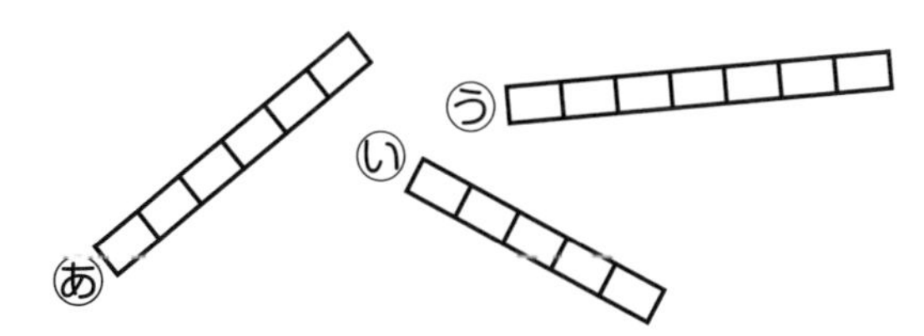

あは　カード　6まい分，いは　カード　5まい分，
うは　カード　7まい分なので，いちばん　みじかいのは　いです。

(答え)　い

比べるものより小さいものを単位として，それがいくつ分かで比べる方法があります。この方法を任意単位による比較といいます。れいだい1は目もりが任意単位です。この方法は，数値を用いた考え方になっているので，どれだけ長いかを表しやすくなります。

れんしゅうもんだい ・・どちらが　長い・・

1　下（した）の　絵（え）を　見（み）て，つぎの　もんだいに　答（こた）えましょう。

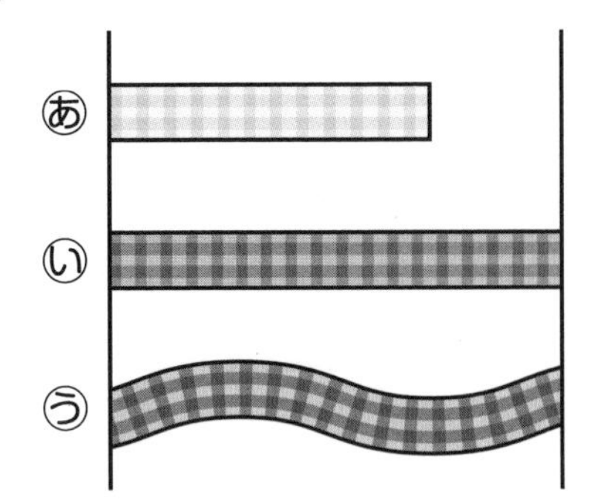

（1）　あと　いは　どちらが　長（なが）いですか。あか　いで　答えましょう。

（答え）＿＿＿＿＿＿＿＿

（2）　いと　うは　どちらが　長いですか。いか　うで　答えましょう。

（答え）＿＿＿＿＿＿＿＿

2　右（みぎ）の　ように　紙（かみ）を　おって，紙の　たてと　よこの　長さを　くらべます。たてと　よこでは，どちらが　長いですか。

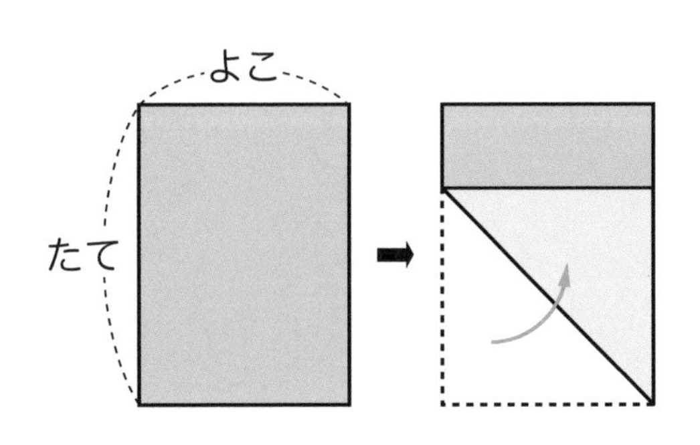

（答え）＿＿＿＿＿＿＿＿

①（2）が難しいようなら，実際にリボンや毛糸などでいとうの図，それぞれにリボンを沿わせ測り取って比べてみましょう。④は，同じ長さのひもを何本も用意し，図と同じように並べてみてください。ます目の数と長さを結び付けましょう。

答えは96ページ

3 いちばん　長い　魚(さかな)は　どれですか。㋐から　㋔までの　中(なか)から　1つ　えらびましょう。

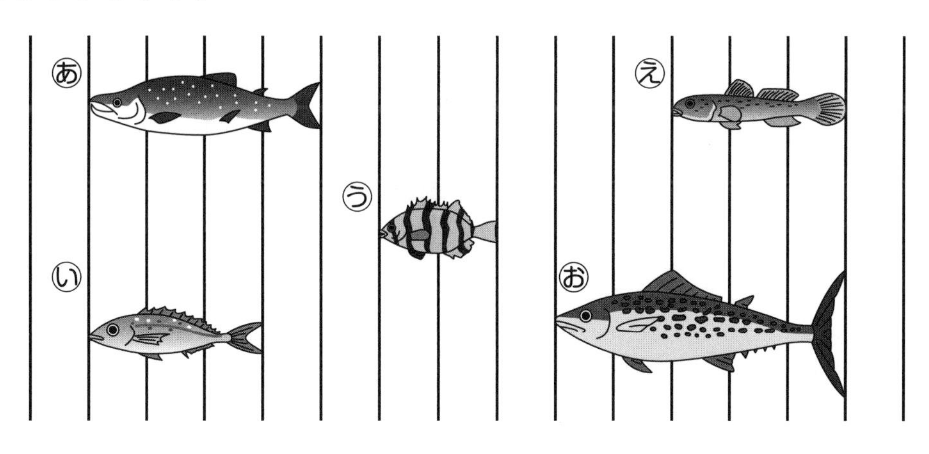

（答え）

4 いちばん　みじかいのは　どれですか。㋐から　㋔までの　中から　1つ　えらびましょう。

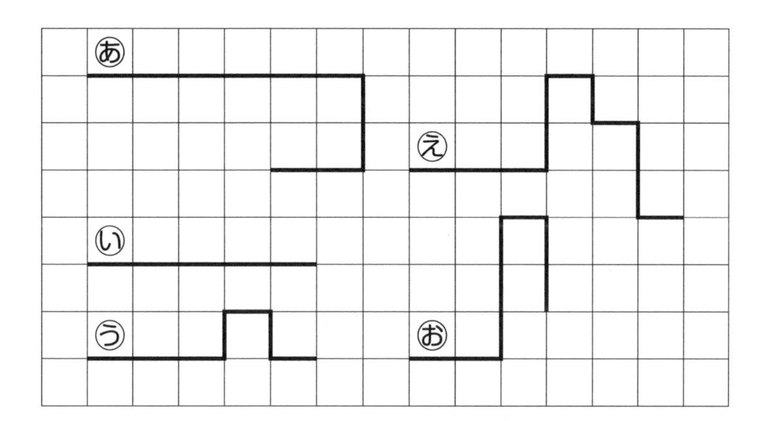

（答え）

おうちの方へ
間接比較と任意単位を用いた比較の中には，比べたい長さを腕に写し取ったり，測りたい長さを手のひらいくつ分かで表したりする手法があります。これらを身体尺といいます。ものさしなどがなかった時代は，身体尺が活躍していたそうです。

1-5 どちらが　広い

ハンカチの　広(ひろ)さを　くらべます。
はしを　そろえて　かさねます。

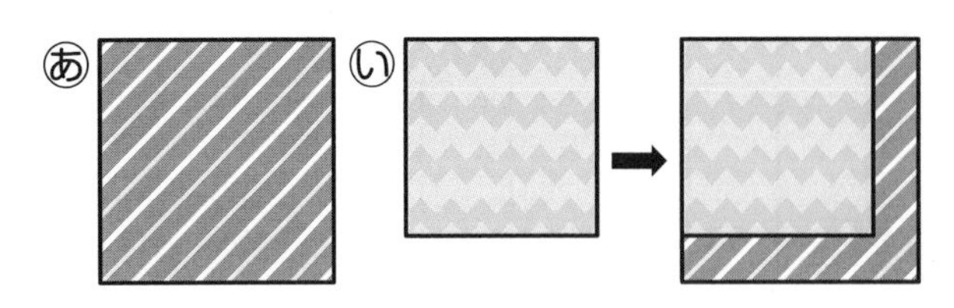

あが　いから　はみ出(で)るので，
あの　ほうが　広い。
いの　ほうが　せまい。

ますが　いくつ分(ぶん)　あるかで　広さを　くらべます。
ますの　数(かず)を　数(かぞ)えます。

	あ		い	

➡

1	2	1	2	3
3	4	4	5	6
5	6	7	7	8

あは　ますが　7つ分，
いは　ますが　8つ分なので，
あの　ほうが　せまい。
いの　ほうが　広い。

大切　広さは　はしを　そろえて　かさねて　くらべる。
同(おな)じ　ものが　いくつ分　あるかで　広さを　くらべる　ことが　できる。

長さのときと同様に，広さも直接比べることを直接比較，紙などに広さを写し取って比べることを間接比較，同じものがいくつぶんあるかで比べることを任意単位による比較といいます。上の解説では，直接比較と任意単位による比較を取り上げています。

れいだい1

下(した)の　絵(え)を　見(み)て，つぎの　もんだいに　答(こた)えましょう。

（1）　あと　いは　どちらが
　広いですか。

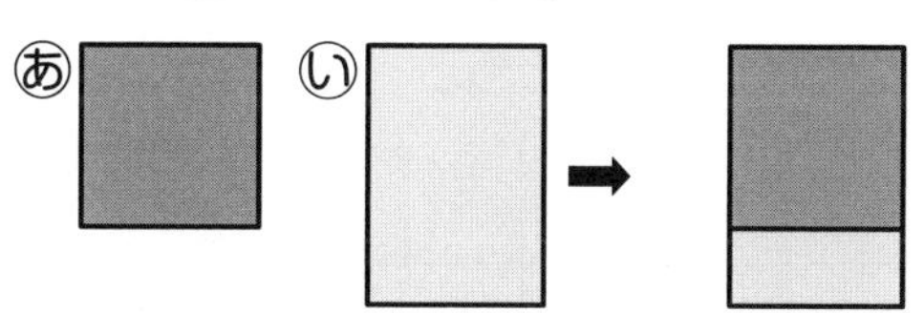

（2）　うと　えは　どちらが
　広いですか。

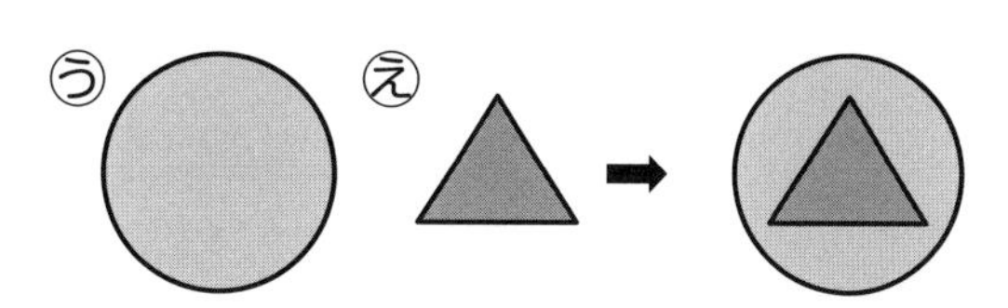

（1）　いが　あから　はみ出るので，広いのは　いです。　（答え）　い

（2）　うが　えから　はみ出るので，広いのは　うです。　（答え）　う

れいだい2

いちばん　せまいのは　どれですか。

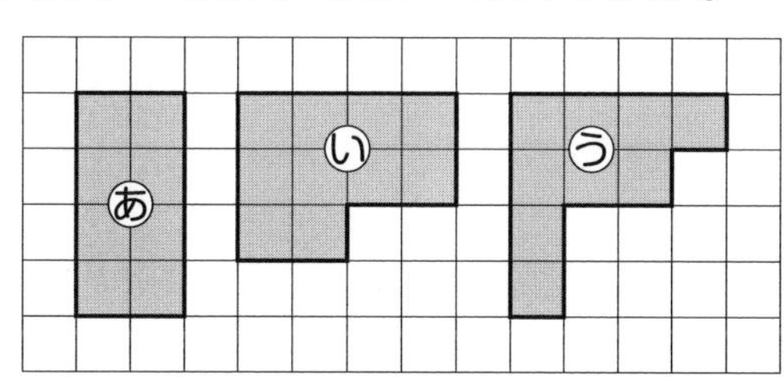

あ，い，うのますが，
それぞれ何(なん)こ分かを
数えればよいね。

あは　ますが　8こ分，いは　ますが　10こ分，
うは　ますが　9こ分なので，いちばん　せまいのは　あです。

（答え）　あ

おうちの方へ　間接比較は，たとえば「勉強机と食卓だと，どちらが広く使えるかな」といった場面で活躍します。勉強机の広さを大きな紙に写し取って，食卓テーブルの上にのせれば，どちらのほうが広く使えるか，一目瞭然ですね。

れんしゅうもんだい ・どちらが　広い・

1　下のように，３まいの　タオルを　かさねました。いちばん　広いのは　どれですか。ⓐ，ⓘ，ⓤの　中から　１つ　えらびましょう。

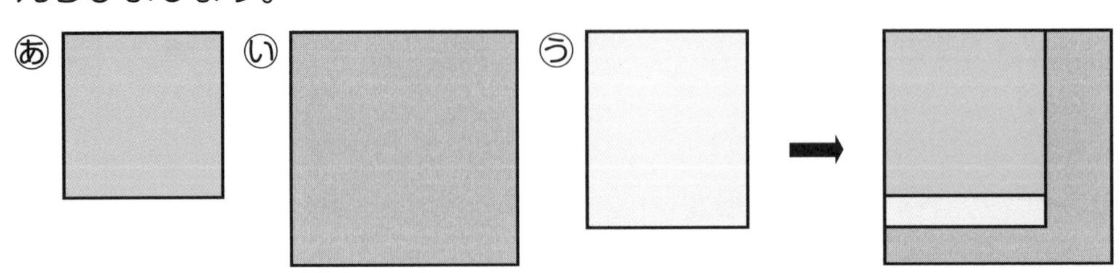

（答え）＿＿＿＿＿＿＿＿

2　右の　図を　見て，つぎの　もんだいに　答えましょう。

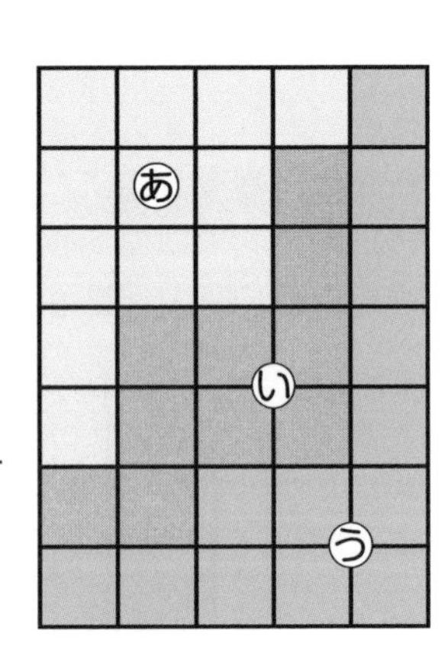

（1）　あ□と　い□は　どちらが　広いですか。

（答え）＿＿＿＿＿＿＿＿

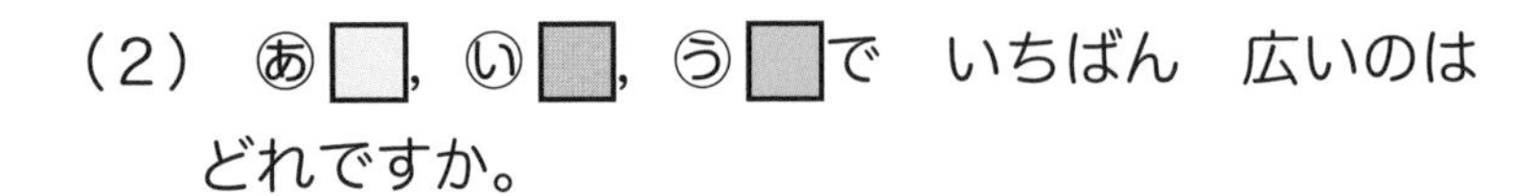

（2）　あ□，い□，う□で　いちばん　広いのは　どれですか。

（答え）＿＿＿＿＿＿＿＿

おうちの方へ　間接比較の手法を使うと，複雑な形の都道府県や国の広さを比較することができます。たとえば，ある程度重さのある板や厚紙に同じ縮尺で広さを比べたい２つの県の形をそれぞれ写し取り，切り出します。２枚の板の重さを比べれば，重いほうが広いといえます。

答えは97ページ

3 下のように 同じ 大きさの を ならべました。広さが同じ ものは，どれと どれですか。あから えまでの 中から2つ えらびましょう。

あ

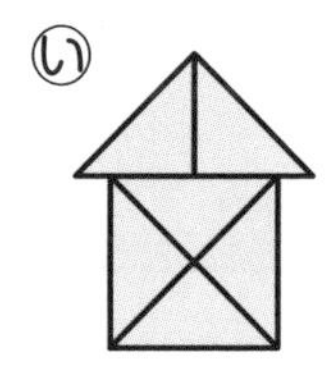

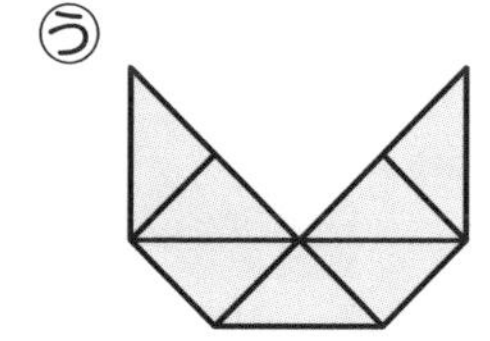

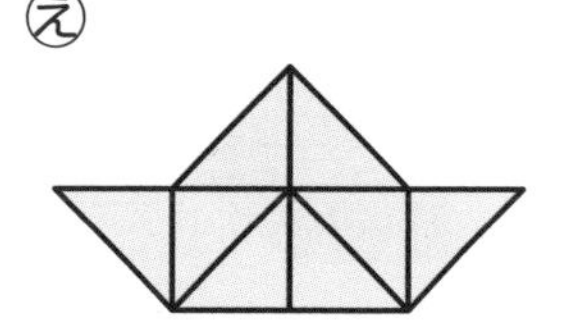

（答え）＿＿＿＿＿＿

4 下の 図を 見て，つぎの もんだいに 答えましょう。

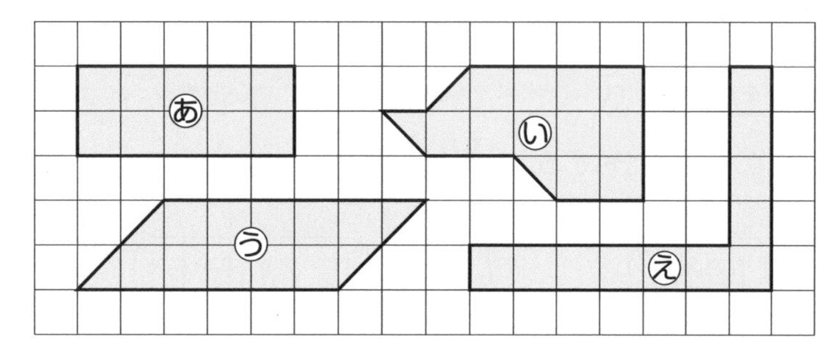

（1） いちばん 広いのは どれですか。あから えまでの 中から 1つえらびましょう。 （答え）＿＿＿＿＿＿

（2） 2ばんめに 広いのは どれですか。あから えまでの 中から 1つえらびましょう。 （答え）＿＿＿＿＿＿

広さについて，ますの数の多少が広い狭いを意味することを理解しづらい場合，同じ大きさの紙を作って（折り紙やカードでもよいです），図と同じように並べてみましょう。④の任意単位は，正方形を半分にした直角三角形として考えるとよいでしょう。

1-6 どちらが　多い

入れものの　大きさを　くらべます。
中に　入れます。

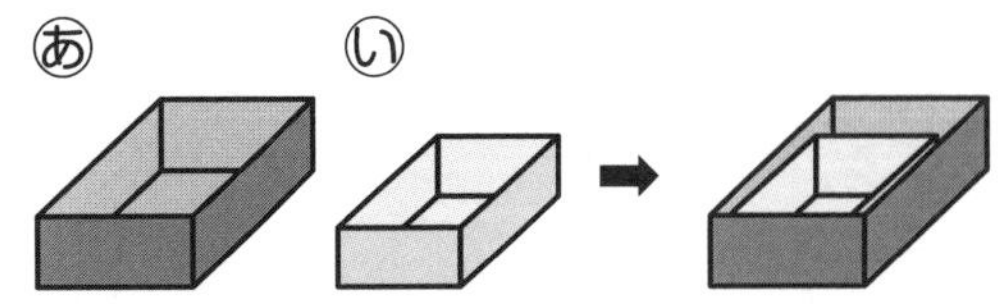

(あ)の　ほうが　大きい。
(い)の　ほうが　小さい。

同じ　大きさの　入れものに　入って　いる　水の　かさを　くらべます。
水の　高さを　見ます。

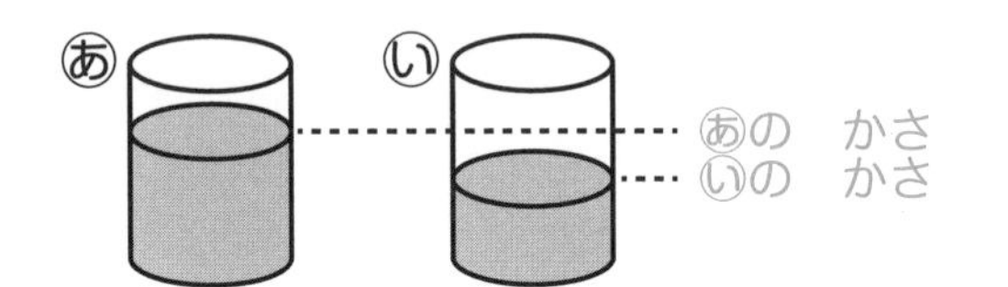

(あ)の　ほうが　多い。
(い)の　ほうが　少ない。

ちがう　入れものに　入って　いる　水の　かさを　くらべます。
同じ　大きさの　入れものの　何ばい分か　数えます。

(あ)の　ほうが　少ない。
(い)の　ほうが　多い。

大切　**入れものの　大きさは　中に　入れて　くらべる。**
同じ　大きさの　入れものに　入って　いる　水の　かさは　水の　高さを　くらべる。
同じ　大きさの　入れものが　何ばい分　あるかで　水の　かさを　くらべることが　できる。

おうちの方へ　かさも，間接比較の手法があります。たとえば，大きさも形も違う入れものAとBがあり，どちらのほうが多く水を入れられるか知りたいとします。まず，Aの入れもの一杯に水を入れます。その水をBの入れものに移し，あふれなければBの入れもののほうが多く入ることがわかります。

れいだい1

ちがう　大きさの　入れものに　同じ　高さまで　水が　入っています。どちらが　多いですか。

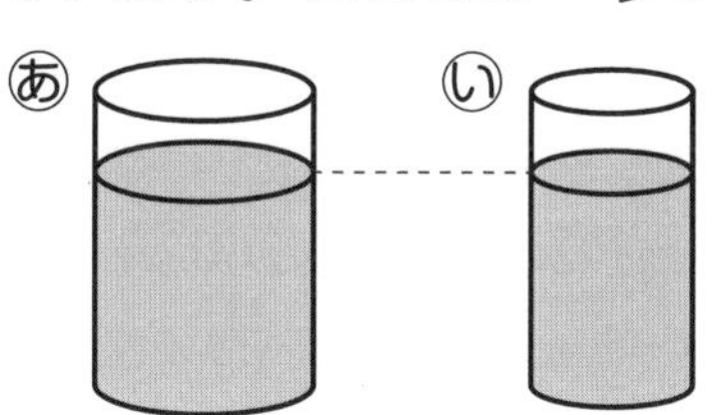

あといは，水の高さは同じだけど，入れものの大きさがちがうことにちゅういしよう。

水の　高さは　同じですが，あの　ほうが　入れものが　大きいので，水が　多く　入って　いるのは　あです。

（答え）　あ

れいだい2

入れものに　入って　いる　水を，同じ　大きさの　コップに　入れて　くらべます。どちらが　多いですか。

同じ大きさのコップに，同じ高さまで入った水のかさは同じだね。

あは　コップ　6はい分，いは　コップ　5はい分なので，水が　多く　入って　いるのは　あです。

（答え）　あ

おうちの方へ　生活の中でかさを比べる場合，同じコップ2個に入れたジュースのかさを比べるなど，直接比較を使うことが多いかもしれません（れいだい2のように，同じコップを12個使うことは難しいですよね）。しかし，任意単位による比較は数値を用いるので，どれだけ多いかを表しやすくなります。

れんしゅうもんだい　どちらが　多い

1　同じ　大きさの　入れものに，水が　入って　います。水が　いちばん　多いのは　どれですか。あ，い，うの　中から　1つ　えらびましょう。

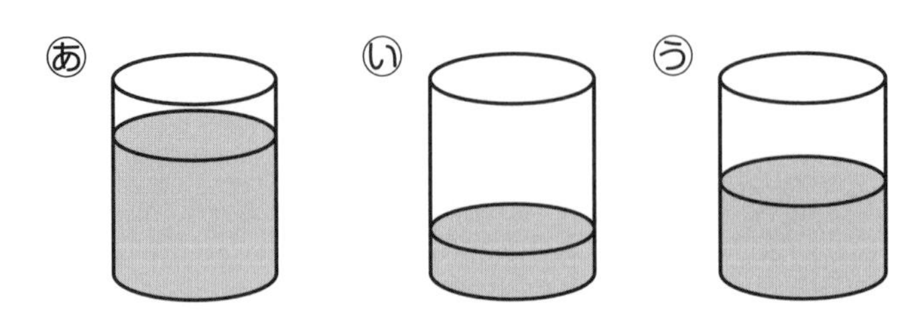

（答え）＿＿＿＿＿＿＿＿

2　あと　うは　同じ　入れもので，いと　うの　水の　高さは　同じです。あ，い，うを　水が　多く　入って　いる　じゅんに　書きましょう。

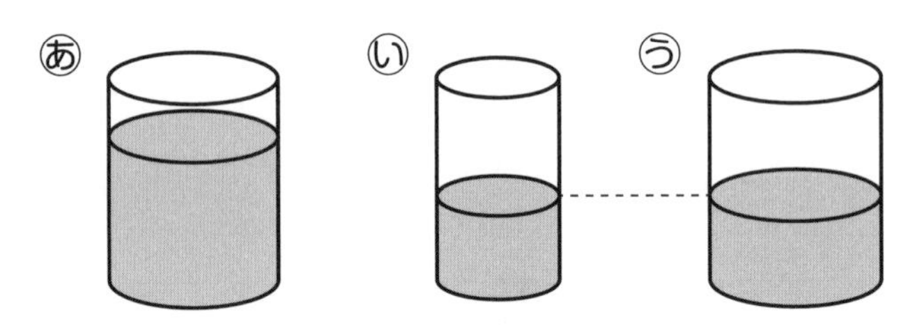

（答え）＿＿＿＿＿＿＿＿

おうちの方へ　②が難しいと感じているようなら，形が違う透明の容器を２つ用意して同じ高さまで水を入れて，比べてみてください。同じ大きさの空の容器を別に２つ用意して，それぞれ全部移し替えると，もともとの水の量の違いが実感できるはずです。

答えは98ページ

3 いろいろな　入れものに　水が　入って　います。水を　同じ　大きさの　コップに　うつすと，下の　絵のように　なります。つぎの　もんだいに　答えましょう。

（1）水が　いちばん　多く　入って　いる　入れものは　どれですか。
　　あから　かまでの　中から　1つ　えらびましょう。

（答え）＿＿＿＿＿＿

（2）おと　かの　水を　合わせると，どれと　同じに　なりますか。
　　あから　えまでの　中から　1つ　えらびましょう。

（答え）＿＿＿＿＿＿

（3）水が　同じだけ　入って　いる　入れものは　どれと　どれですか。
　　あから　かまでの　中から　2つ　えらびましょう。

（答え）＿＿＿＿＿＿

P.35では「生活の中で直接比較を使うことが多い」と書きましたが，生活の中で任意単位を用いることもあります。料理中に「しょう油を大さじ３杯入れる」とか，「植木鉢にコップ２杯，水をあげてね」など，わかりやすい単位で量を表現できる方法です。

1-7 いろいろな　形

いろいろな　形

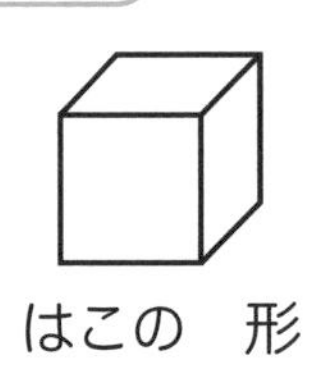

はこの　形

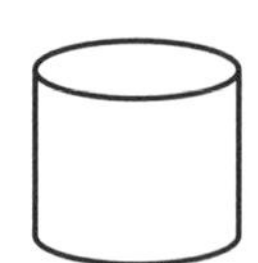

つつの　形

ボールの　形

ま上　から
見た　形

形の　たいらな　ところは　紙に
うつしとる　ことが　できます。

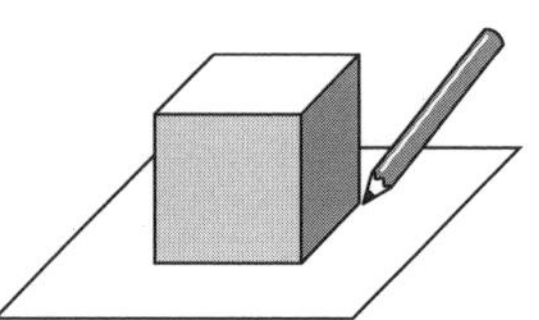

大切　はこの　形，つつの　形，ボールの　形が　ある。

形づくり

の　色いたを　組み合わせて　いろいろな　形を　つくります。

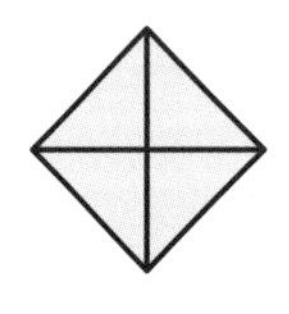

を　４まい
つかう。

を　５まい
つかう。

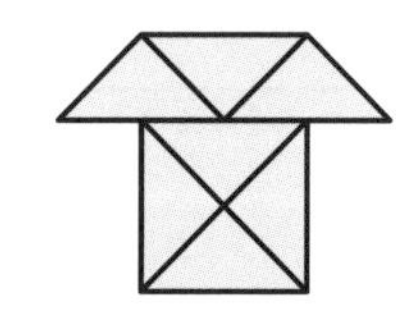

を　７まい
つかう。

大切　形を　組み合わせると　あたらしい　形を　つくる　ことが　できる。

おうちの方へ　形づくりの中では，ぜひ「これは何の形に見えるかな？」と声をかけてください。“三角を４枚並べると四角になる”だけでなく，４枚使ったら“座布団に見える”，５枚使ったら“新幹線の先頭”など，何でもよいです。たくさん想像を引き出してください。

れいだい１

つつを　紙の　上に　おいて，形を　うつしとります。うつしとった　形は　どれですか。

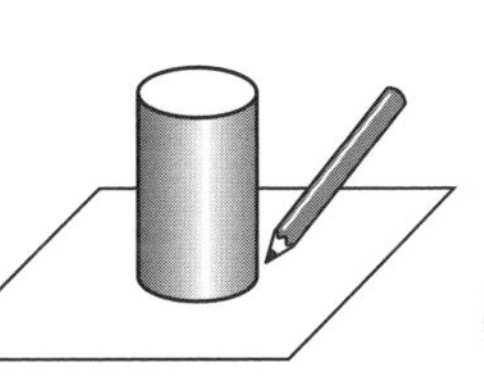

ま上から見ると
どんな形に
見えるかな？

あ 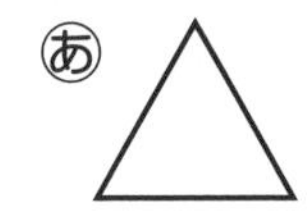　い 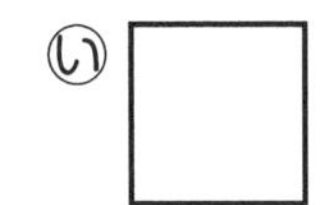　う 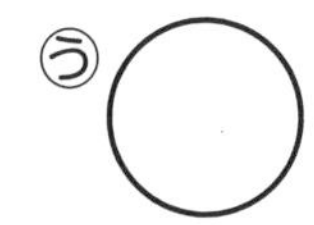

紙に　うつしとった　形は，ま上から　見た　形と　同じです。

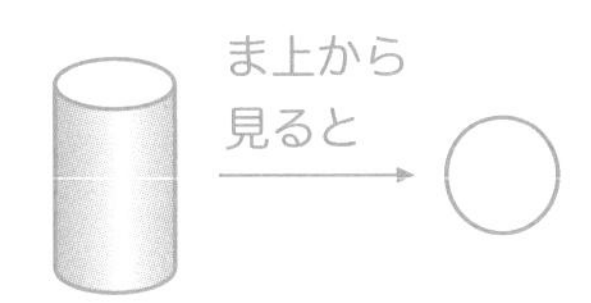

（答え）　う

れいだい２

色いた◺を　つかって，右の　形を　つくります。色いたを　何まい　つかいますか。

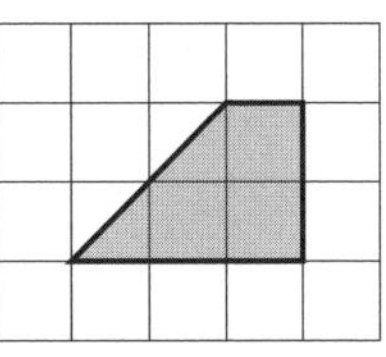

◺が２まいで
□ができるね。
線をかき入れると，
ならべ方が
わかりやすいね。

色いたの　まい数を　書き入れて　考えます。

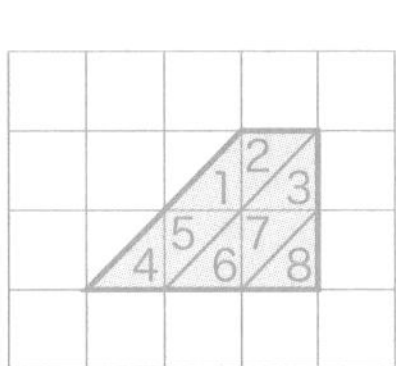

（答え）　８まい

折り紙や色板を準備できれば，他の形も作るように声をかけてください。組み合わせたり分解したりひっくり返したりして，他の形も作ってみてください。遊ぶ感覚で，形の構造や特徴を捉える力を養いましょう。今後の図形の学習にも役立ちます。

れんしゅうもんだい ・● いろいろな　形 ●・

1　ボールの　形(かたち)◯は　どれですか。㋐から　㋕までの　中(なか)から　ぜんぶ　えらびましょう。

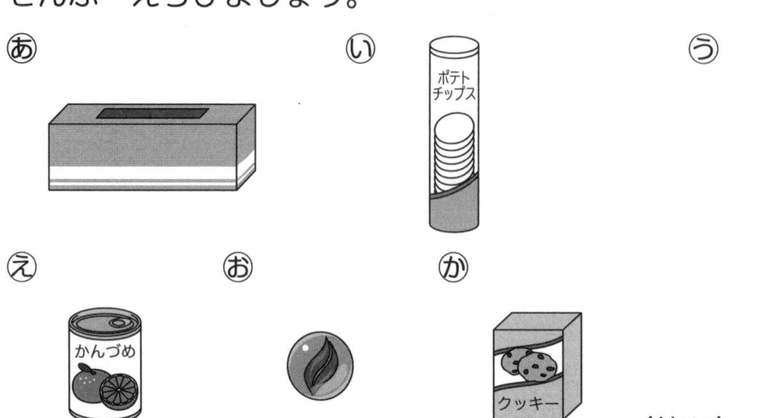

（答え）＿＿＿＿＿＿＿＿

2　ま上(うえ)から　見(み)た　形が　右(みぎ)の　図(ず)の　ように　なる　ものは　どれですか。㋐から　㋓までの　中から　１つ　えらびましょう。

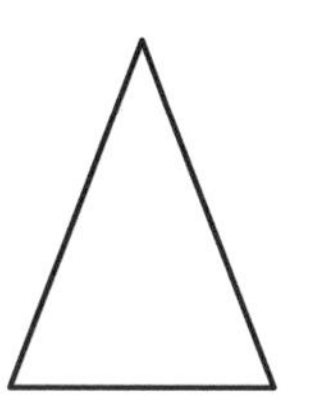

㋐

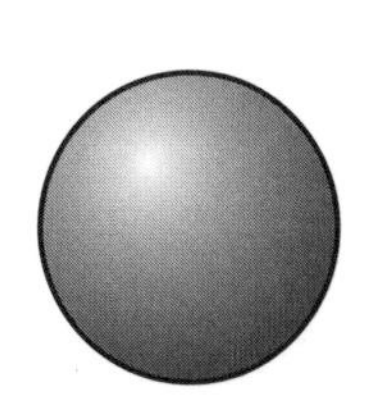

㋑

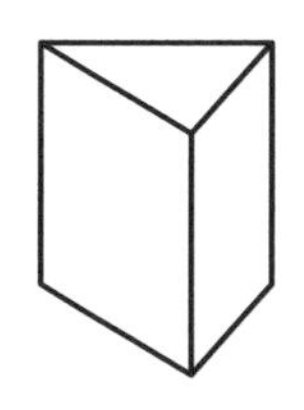

㋒

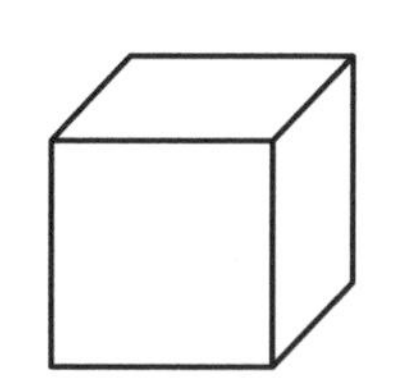

㋓

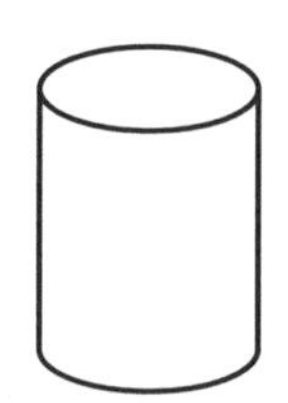

（答え）＿＿＿＿＿＿＿＿

おうちの方へ　②は，実際に積み木を写し取って，積み木がない場合は簡単に図の立体を紙などで作ったものを写し取り，確認してみてください。上下の面が三角形の柱状の立体は，三角柱といいます。立体の単元は，紙面上だけでは理解しにくいものです。嫌いにならないよう，手に取って考えられる工夫をしてみましょう。

答えは100ページ

3 あと 同じ 大きさの 色いたを つかって，いから おの 形を つくります。つぎの もんだいに 答えましょう。

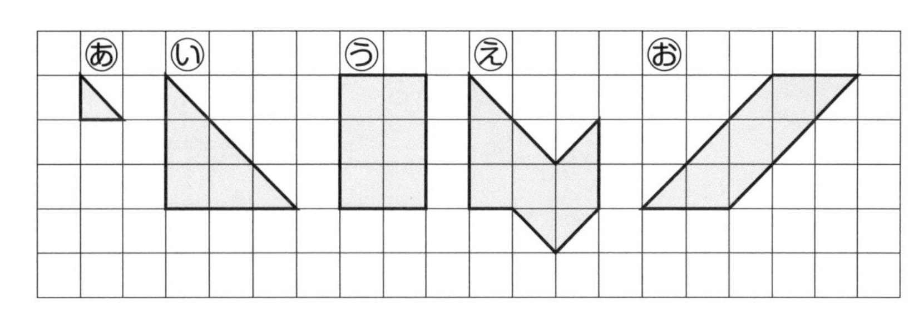

（1） つかって いる 色いたの まい数が いちばん 多い 形は どれですか。いから おまでの 中から 1つ えらびましょう。

(答え)

（2） つかって いる 色いたの まい数が 同じ 形は どれと どれですか。いから おまでの 中から 2つ えらびましょう。

(答え)

4 あの 形から ぼう ▭ を 1本 うごかして，いの 形に かえました。あの 形の うごかした ぼうに ○を つけましょう。

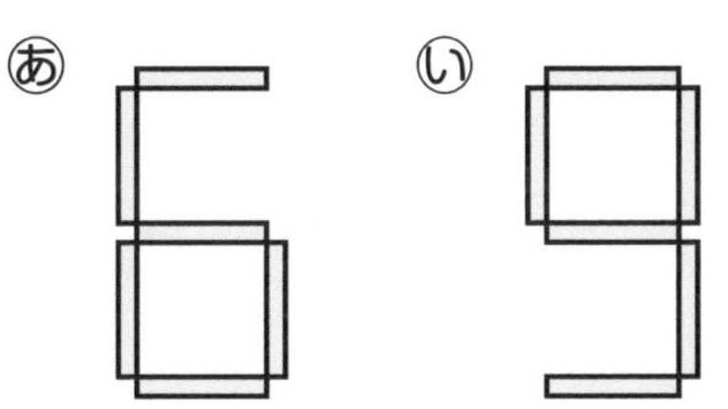

(答え)

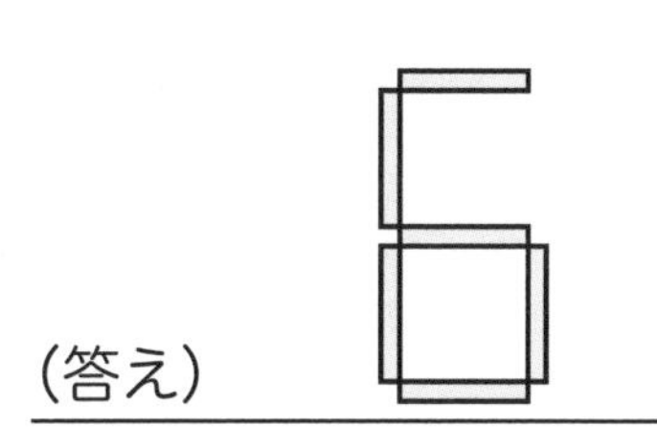

おうちの方へ ③が難しい場合，あの色板がどう並べられて形が作られているかを，考える必要があります。それぞれの図形に線を引いて，あの形に分けるように促してみてください。あの色板の並び方を確認した上で，数を数えるよう支援しましょう。

計算めいろ

スタートから　ゴールまで，○の　中の
数を　たしながら　すすみます。
いちど　通った　○は　通れません。

れい ▶ たした　答えが　いちばん　小さく　なるように　すすみます。
ゴールした　ときの　答えは　いくつですか。

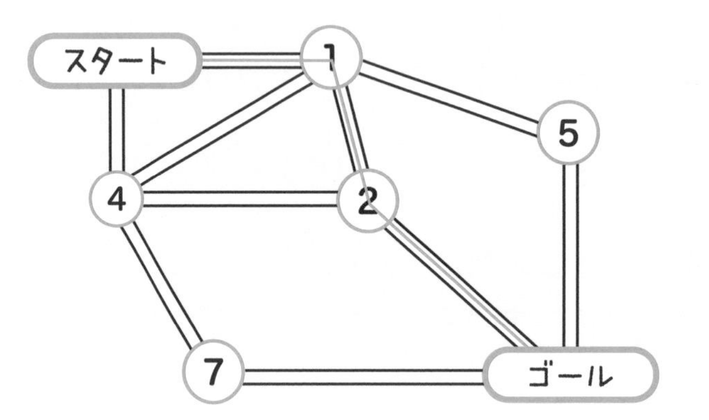

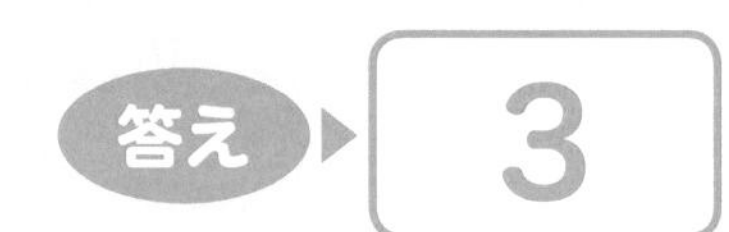

れい ▶ たした　答えが　いちばん　大きく　なるように　すすみます。
ゴールした　ときの　答えは　いくつですか。

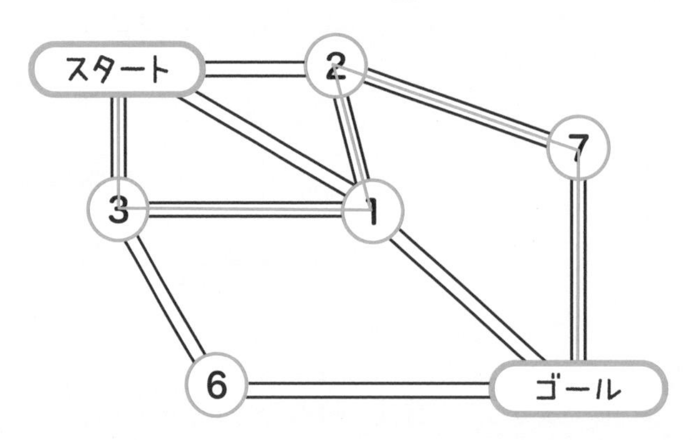

もんだい1 たした　答えが　いちばん　小さく　なるように　すすみます。
ゴールした　ときの　答えは　いくつですか。

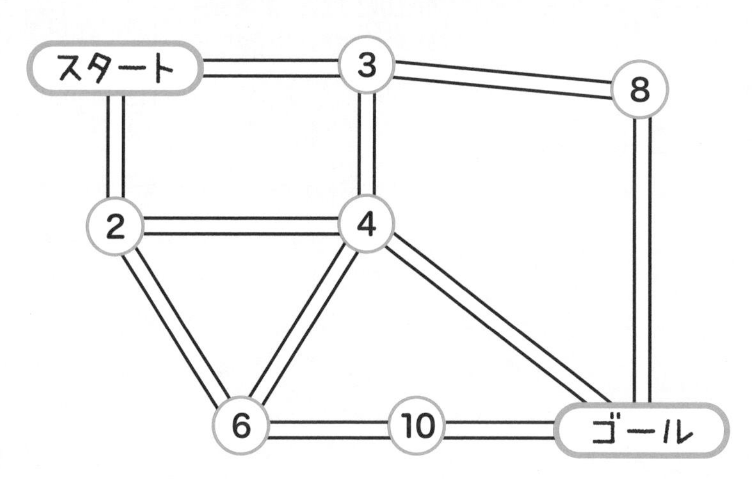

もんだい2 たした　答えが　いちばん　大きく　なるように　すすみます。
ゴールした　ときの　答えは　いくつですか。

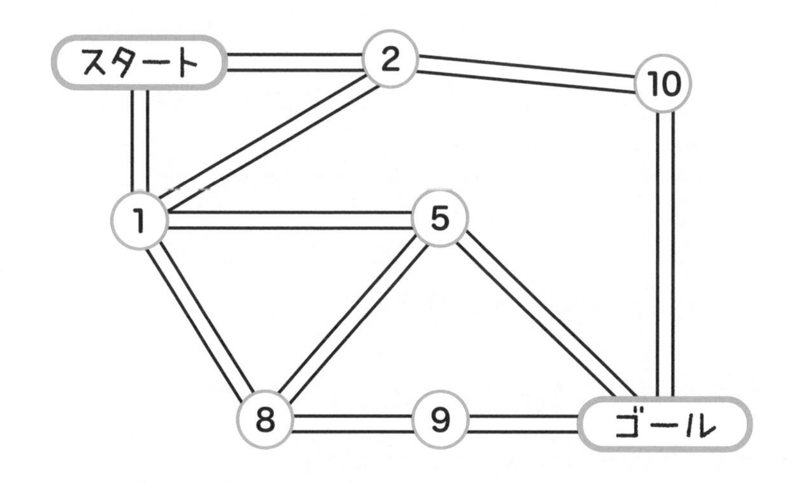

答えは 121 ページ

2-1 100より　大きい　数

100が　2こで　200,
10が　4こで　40,
1が　8こで　8,
200と　40と　8で　248です。

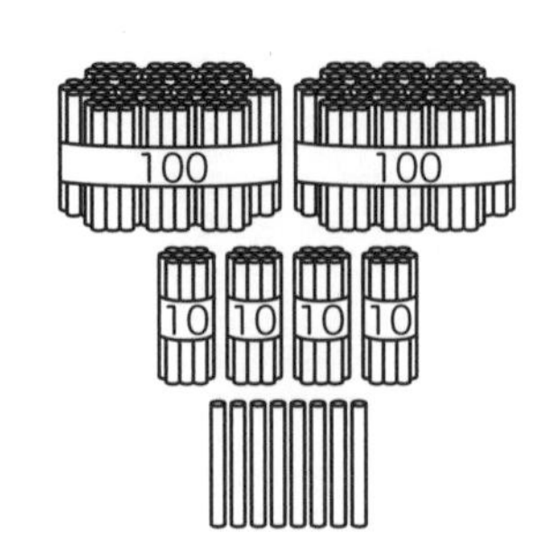

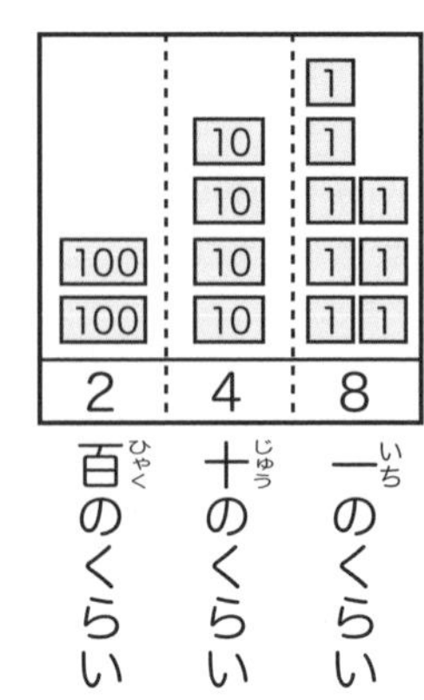

1000が　3こで　3000,
100が　5こで　500,
10が　4こで　40,
1が　6こで　6,
3000と　500と　40と　6で　3546です。

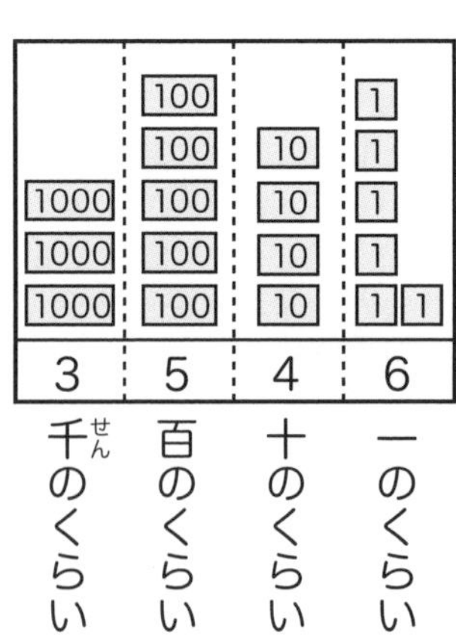

0　1000　2000　3000　4000　5000　6000　7000　8000　9000　10000

1000 大きい　1000 大きい　1000 大きい

6000より　3000　大きい　数は　9000です。

大切　**100が　10こで　1000，1000が　10こで　10000。**

２年生の“100より大きい数”の学習範囲は，10000までの数です。一万の位は範囲外です。10000は，千の位まででいちばん大きい数である9999より１大きい数であることや，1000を10個集めた数であることを理解しておきましょう。

れいだい１

100を　８こ，10を　２こ，１を　４こ
合(あ)わせた　数を　書(か)きましょう。

100が　８こで　800，
10が　２こで　20，
１が　４こで　４，
800と　20と　４で　824です。

（答え）　824

百のくらい	十のくらい	一のくらい

あてはめよう。

れいだい２

5200は　100を　何(なん)こ　あつめた　数ですか。

5200は，5000と　200を　合わせた　数です。
5000は　100を　50こ　あつめた　数，
200は　100を　２こ　あつめた　数なので，
5200は，100を　52こ　あつめた　数です。

100が10こで
1000になるよ。

（答え）　52こ

おうちの方へ

数字の表し方は，算数・数学で使われているアラビア数字以外にもいろいろあります。Ⅰ，Ⅱ，Ⅲなどの表し方はローマ数字といいます。ローマ数字では，たとえば“1234”を“MCCⅩⅩⅩⅣ”と書きます。“千二百三十四”と書く漢数字と同じように，計算には向かない表し方です。

れんしゅうもんだい ・● 100より　大きい　数 ●・

1 □に　あてはまる　数(かず)を　答(こた)えましょう。

（1）100を　4こと　1を　5こ　合(あ)わせた　数は　□です。

(答え)＿＿＿＿＿＿＿＿

（2）3800は，100を　□こ　あつめた　数です。

(答え)＿＿＿＿＿＿＿＿

2 下(した)の　図(ず)のように　お金(かね)が　あります。お金は　ぜんぶで　何円(なんえん)ありますか。数字(すうじ)だけを　つかって　書(か)きましょう。

(答え)＿＿＿＿＿＿＿＿

おうちの方へ
①（1）では，百の位と一の位の数字のみのため，十の位には0を書く必要があります。「45」などと答えてしまう場合は，右のような表を使ってそれぞれの位の確認をしてください。

百のくらい	十のくらい	一のくらい

答えは 101 ページ

③ 下の　数の線を　見て，つぎの　もんだいに　答えましょう。

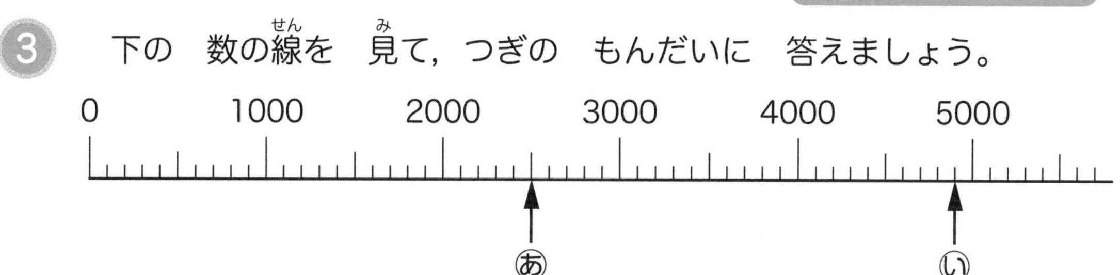

（1） いちばん　小さい　1目もりは，いくつを　あらわして　いますか。

(答え)

（2） Ⓐの　目もりが　あらわす　数は，いくつですか。

(答え)

（3） Ⓘの　目もりが　あらわす　数は，いくつですか。

(答え)

③（1）が難しい場合は，「0から1000まで，目もりはいくつある？」と聞き，まず目もりの数を確認しましょう。そして「10個集まると1000になるのはいくつ？」と聞いてみてください。このとき，P.44を確認してもよいでしょう。

2-2 たし算と　ひき算（2）

何十，何百の　計算

60＋70の　計算

10が　6こと，10が　7こなので，6と　7を　たして　13，

10が　13こで　130

60＋70＝130

6＋7＝13

900−500の　計算

100が　9こと，100が　5こなので，9から　5を　ひいて　4，

100が　4こで　400

900−500＝400

9−5＝4

大切　何十，何百の　計算は，10や　100，まとまりが　何こに　なるか考える。

ひっ算

38＋43の　計算

	1	
	3	8
＋	4	3
	8	1

一のくらいの　計算
8＋3＝11
十のくらいに
1　くり上げる
十のくらいの　計算
1＋3＋4＝8

144−65の　計算

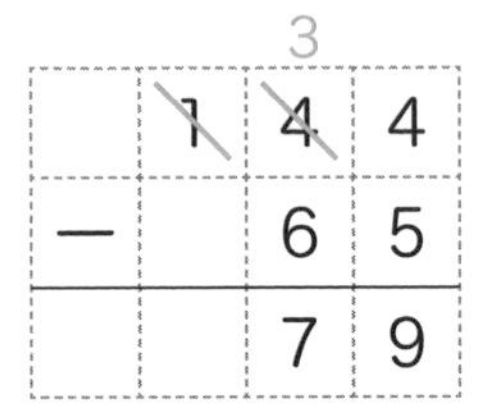

一のくらいの　計算
十のくらいから
1　くり下げて
14−5＝9
十のくらいの　計算
百のくらいから
1　くり下げて
13−6＝7

大切　ひっ算は　くらいを　そろえて　書く。
一のくらいから，くらいごとに　計算する。

筆算では位をそろえて書くことがとても大切です。はじめのうちは，方眼のノートなど，ます目のある紙に書いて練習するようにしましょう。方眼のノートがなければ，自分で線を引いて，ます目を作ってもよいでしょう。

「ぜんぶの数」は，たし算でもとめればよいね。

れいだい１

赤い　色紙が　46まい，青い　色紙が　75まい　あります。色紙は　ぜんぶで　何まい　ありますか。

46　＋　75　＝　121
赤い　色紙　青い　色紙　ぜんぶの　数

```
  1 1
   4 6
+  7 5
-------
 1 2 1
```

一のくらいの　計算
6＋5＝11
十のくらいに
1　くり上げる
十のくらいの　計算
1＋4＋7＝12

（答え）　121まい

れいだい２

りょうさんは，275円を　もって　買いものに　行き，お店で　56円の　あめを　買いました。のこった　お金は　何円ですか。

275　－　56　＝　219
はじめの　お金　つかった　お金　のこった　お金

```
    6
  2 7 5
-   5 6
-------
  2 1 9
```

一のくらいの　計算
十のくらいから
1　くり下げて
15－6＝9
十のくらいの　計算
6－5＝1

（答え）　219円

おうちの方へ　位をそろえて書くことに慣れてきたら，ます目のない紙でも筆算で正しく計算できるように練習するよう促してください。テストや検定ではます目のない紙で計算することになるので，全部の計算にます目をかいていては，時間がかかってしまうでしょう。

れんしゅうもんだい ・● たし算と　ひき算（２）●・

1　れいかさんは　600円（えん），妹（いもうと）は　300円　もって　います。つぎの　もんだいに　答（こた）えましょう。

（１）　２人（ふたり）が　もって　いる　お金（かね）は　合（あ）わせて　何（なん）円ですか。

(答え)＿＿＿＿＿＿＿＿

（２）　れいかさんは　200円　つかいました。のこった　お金は　何円ですか。

(答え)＿＿＿＿＿＿＿＿

2　西小学校（にししょうがっこう）の　２年生（ねんせい）は，ぜんぶで　56人（にん）です。つぎの　もんだいに　答えましょう。

（１）　３年生は，２年生より　15人　多（おお）いです。３年生は　ぜんぶで　何人ですか。

(答え)＿＿＿＿＿＿＿＿

（２）　２年生は，１組（くみ）と　２組に　分（わ）かれて　いて，１組は　29人です。２組の　人は　何人ですか。

(答え)＿＿＿＿＿＿＿＿

計算に慣れるには，たくさん練習することが大切です。ドリルを使ってもよいですし，大人がランダムに数字を並べて計算問題にしてもよいです。生活の中では，自動車のナンバープレートの前半の２桁と後半の２桁をたしたりひいたりすることでも計算練習ができます。

答えは 102 ページ

③ ゆかりさんは　シールを　128まい　もって　います。妹の　もって　いる　シールは　ゆかりさんより　42まい　少(すく)ないです。妹が　もって　いる　シールは　何まいですか。

(答え)

④ けんじさんは，家(いえ)で　ミニトマトを　そだてて　います。今日(きょう)は　36こ　しゅうかく　しました。きのうまでには　318こ　しゅうかく　して　います。今日までに　しゅうかく　した　ミニトマトは　ぜんぶで　何こですか。

(答え)

⑤ まさとさんは　本(ほん)を　38ページ　読(よ)みました。この　本は　ぜんぶで　280ページ　あります。のこりの　ページは　何ページですか。

(答え)

④と⑤の問題文は，ひく数が先に，ひかれる数があとに出てくるように構成されています。単純に，先に出てきた数から並べて式を作ると間違えてしまいます。間違えた場合は，落ち着いて問題文を読み，どの数からどの数をひくのかを考えた上で式を作るように促してください。

2-3 かけ算

いちごが　4こ　のった　おさらが　3さら　あるとき，
いちごの　ぜんぶの　数を　考えます。

4　×　3　＝　12

1つ分の　数　いくつ分　ぜんぶの　数

4を　かけられる数，
3を　かける数と　いいます。
かけ算は　同じ　数の　まとまりが
いくつ分　あるか　考えて，
ぜんぶの　数を　もとめる
計算です。
（1つ分の　数）×（いくつ分）
＝（ぜんぶの　数）
で，計算します。

かける数

かけられる数	1	2	3	4	5	6	7	8	9
1	1	2	3	4	5	6	7	8	9
2	2	4	6	8	10	12	14	16	18
3	3	6	9	12	15	18	21	24	27
4	4	8	12	16	20	24	28	32	36
5	5	10	15	20	25	30	35	40	45
6	6	12	18	24	30	36	42	48	54
7	7	14	21	28	35	42	49	56	63
8	8	16	24	32	40	48	56	64	72
9	9	18	27	36	45	54	63	72	81

九九の　ひょう

かけられる数が　4
かける数が　3で
4×3＝12

大切　**かける数が　1　ふえると，答えは　かけられる数だけ　大きく　なる。かけ算では，かけられる数と　かける数を　入れかえても，答えは同じに　なる。**

おうちの方へ　いちご4個が3皿分ある場合，かけ算の式では“4×3”と表せます。計算するときは，4を3回たし算するのと同じことと捉え，“4＋4＋4”を求めればよいです。この“4＋4＋4”のように，同じ数を何回も加えるたし算を同数累加といいます。かけ算はたし算ともいえます。

れいだい１

あめが　５こ　入った　ふくろが　４つ　あります。
あめは　ぜんぶで　何こ　ありますか。

１ふくろに５こ入っているので，
５のだんの九九をつかえばよいね。

5	×	4	=	20
１ふくろ分の数		いくつ分		ぜんぶの数

（答え）　20こ

れいだい２

ちゅう車場に　車が　とまって　います。赤の　車は　３台で，黒の
車の　台数は，赤の　車の　台数の　２ばいです。黒の　車は　何台
とまっていますか。

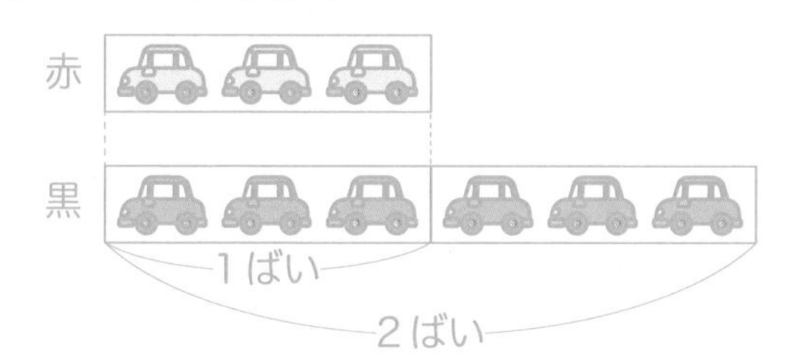

「２ばい」は「２つ分」と
同じことだよ。

「２ばい」は　「２つ分」と　同じことなので，かけ算で　もとめます。

3	×	2	=	6
赤い　車の台数		何ばい		黒い　車の台数

（答え）　６台

れいだい２は“倍”についての問題です。“倍”は，２つの数量の関係を表しています。この見方はとても重要で，４年生や５年生で学ぶ“割合”や，６年生や中学１年生で学ぶ“比例”などにつながっていきます。しっかりおさえて，将来の学習の下地を作りましょう。

れんしゅうもんだい　かけ算

1　チョコレートが　4こ　入った　はこが　6はこ　あります。
チョコレートは　ぜんぶで　何こ　ありますか。

（答え）＿＿＿＿＿＿

2　6人　すわる　ことが　できる　長いすが　8きゃく　あります。
ぜんぶで　何人　すわる　ことが　できますか。

（答え）＿＿＿＿＿＿

3　まなさんは　色紙で　つるを　おって　います。きのうは　7わ
おりました。今日は　きのうの　4ばいの　数の　つるを　おりました。
今日，まなさんは　つるを　何わ　おりましたか。

（答え）＿＿＿＿＿＿

かけ算九九を覚えることは大切ですが，生活の中の数量について式を作ることも大切です。「1袋にクッキーが8枚入っていて，それが4袋あるよ。全部で何枚？」などと問題を出してみましょう。状況を“8枚が4つ分”と整理し，“8×4”という式を作ることをめざします。

答えは 103 ページ

4　かけ算の　九九の　カードが，１のだんから　９のだんまで　81まい　あります。つぎの　もんだいに　答えましょう。

（1）　答えが　6に　なる　カードは　何まい　ありますか。

(答え)＿＿＿＿＿＿＿＿＿＿

（2）　答えが　16に　なる　カードは　何まい　ありますか。

(答え)＿＿＿＿＿＿＿＿＿＿

（3）　6×7と　同じ　答えに　なる　カードの　九九を　答えましょう。

(答え)＿＿＿＿＿＿＿＿＿＿

5　せっけんが　9こ　入って　いる　はこが　4はこ　あります。
つぎの　もんだいに　答えましょう。

（1）　せっけんは　ぜんぶで　何こ　ありますか。

(答え)＿＿＿＿＿＿＿＿＿＿

（2）　この　はこが　あと　3はこ　ふえると，せっけんは　ぜんぶで　何こに　なりますか。

(答え)＿＿＿＿＿＿＿＿＿＿

日本の九九は伝統的な唱え方であり，語呂をよくして覚えやすいようになっています。海外では，語呂合わせで暗唱する国は少ないようですが，かけ算の式と答えを暗記することはあるようで，9×9までではなく，2桁×2桁まで扱う国もあります。

2-4 ひょうと　グラフ

やさいの　数を　しらべます。

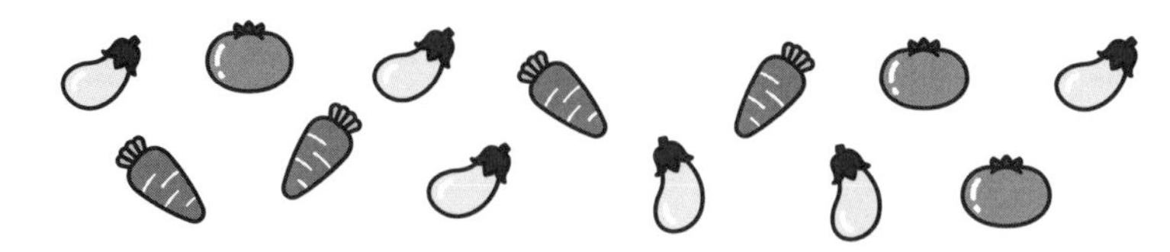

なすは　6こ，にんじんは　4こ，トマトは　3こ　あります。

やさいの　数

やさい	なす	にんじん	トマト
数（こ）	6	4	3

やさいの　数

<table>
<tr><td></td><td></td><td></td></tr>
<tr><td>○</td><td></td><td></td></tr>
<tr><td>○</td><td></td><td></td></tr>
<tr><td>○</td><td>○</td><td></td></tr>
<tr><td>○</td><td>○</td><td>○</td></tr>
<tr><td>○</td><td>○</td><td>○</td></tr>
<tr><td>○</td><td>○</td><td>○</td></tr>
<tr><td>なす</td><td>にんじん</td><td>トマト</td></tr>
</table>

ひょうに　あらわすと，どの　やさいが
何こ　あるかが　わかりやすく
なります。

グラフに　あらわすと，なすが　いちばん
多く，トマトが　いちばん　少ないのが
わかりやすく　なります。

大切　**ひょうは　何が　何こ　あるかを　わかりやすくした　もの。**
グラフは　こ数の　多い　少ないを　くらべやすくした　もの。

おうちの方へ　1年生では比べるものの絵を並べてグラフを作りましたが，2年生では○に置き換えてグラフを作ります。いろいろなものの数を，抽象的に表現する練習と考えてください。これは，3年生で学習する棒グラフへつながるステップになります。

れいだい１

まいさんは　16人の　友だちに　国語，算数，生活の　うち　どの　教科が　すきかを　１つずつ答えて　もらい，下の　ひょうに　まとめました。

すきな　教科

教科	国語	算数	生活
人数(人)	5	7	4

算数と答えた人はひょうの算数のところに書いてある数を見ればわかるね。

（１）　算数と　答えた　人は　何人ですか。

（２）　○を　つかって　グラフに　まとめましょう。

（１）　ひょうの　算数の　下の　人数を　読みとります。

(答え)　　７人

（２）　すきと　答えた　人の　数だけ　○を　かきます。

国語は　○が　５つ，
算数が　○が　７つ，
生活は　○が　４つです。

すきな　教科

<table>
<tr><td></td><td></td><td></td></tr>
<tr><td></td><td>○</td><td></td></tr>
<tr><td></td><td>○</td><td></td></tr>
<tr><td>○</td><td>○</td><td></td></tr>
<tr><td>○</td><td>○</td><td>○</td></tr>
<tr><td>○</td><td>○</td><td>○</td></tr>
<tr><td>○</td><td>○</td><td>○</td></tr>
<tr><td>○</td><td>○</td><td>○</td></tr>
<tr><td>国語</td><td>算数</td><td>生活</td></tr>
</table>

(答え)

国語，算数，生活の３つの教科をグラフにあらわすよ。
まずは，３つの教科が書けるように，グラフの外わくをかいてみよう。

れいだい１の表では，１番左側の上に“教科”，下に“人数”とあります。これが左から２番め以降に何が書いてあるかを示します。“教科”が国語と算数と生活で，それぞれの下に書かれている数字がその教科と答えた人の数です。読み取れない場合は，１つずつ確認しましょう。

れんしゅうもんだい ・●ひょうと　グラフ●・

1　下の　絵を　見て，つぎの　もんだいに　答えましょう。

（1）　形の　数を　下の　ひょうに　まとめましょう。

形の　数

形	○	△	♡	☆
数（こ）				

(答え)

（2）　形の　数を，○を　つかって
　右の　グラフに　まとめましょう。

形の　数

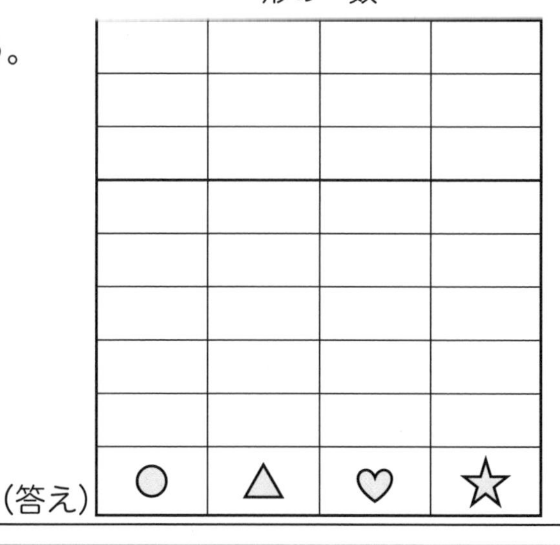

(答え)

おうちの方へ　①（1）のような，表をまとめる問題ができるようになったら，最初から表を自分で作る練習もしてみてください。たとえば，味が何種類か入っているあめの袋を用意して，それぞれの味が何個入っているか数えて，結果を表にまとめてみてください。

答えは105ページ

2 みずほさんは，月曜日から金曜日までに　学校を　休んだ人数を，○を　つかって　右のグラフに　まとめました。
つぎの　もんだいに答えましょう。

学校を　休んだ　人数

		○		
		○		
	○	○		
○	○	○		○
○	○	○		○
○	○	○		○
○	○	○	○	○
○	○	○	○	○
○	○	○	○	○
月	火	水	木	金

（1）　金曜日に　休んだ　人は何人ですか。

(答え)＿＿＿＿＿＿＿＿

（2）　休んだ　人数が　いちばん多いのは　何曜日ですか。

(答え)＿＿＿＿＿＿＿＿

（3）　火曜日に　休んだ　人数は，木曜日に　休んだ　人数より　何人多いですか。

(答え)＿＿＿＿＿＿＿＿

（4）　休んだ　人数が　同じ　曜日は，何曜日と　何曜日ですか。

(答え)＿＿＿＿＿＿＿＿

おうちの方へ　表とグラフの学習の目標は，まとめたデータを見て，その出来事について考えるところにあります。②のデータなら「なんで木曜日は他より，こんなに少ないのかな？」などと雑談として話してみてください。この場合，正解は1つではありません。考えることが大切です。

2-5 時こくと　時間

時こくと　時間

長い　はりが　12を
さす　ときは，
ちょうどの　時間を
あらわします。
みじかい　はりは
何時を，長い
はりは　何分を
あらわします。

大切　**時こくは　何時何分の　こと。**
時間は　時こくと　時こくの　間の　こと。
1分は　長い　はりが　1目もり　すすむ　時間。
1時間は　長い　はりが　1まわり　する　時間。
1時間＝60分。

午前と　午後

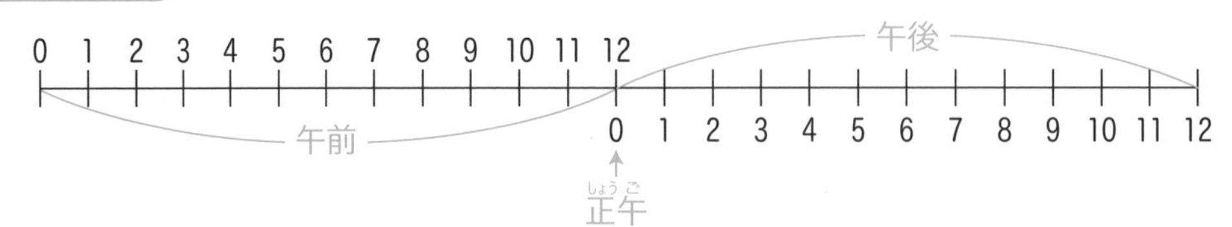

大切　**1日の　時間は，午前が　12時間，午後が　12時間。1日＝24時間。**

2年生では，“○時”や“○時半”などだけではなく，“○時間”や“○分”などといった時間の単位を学びます。これらを普段の生活とつなげることで，時間の使い方を工夫したり，過ごし方を考えたりすることができるようになるとよいですね。

れいだい１

右の　時計を　見て　答えましょう。

（１）　15分前の　時こくは
何時ですか。

（２）　１時間後の　時こくは
何時何分ですか。

（１）　15分前は　長い　はりが　15目もり
もどった　時こくなので，５時です。

（答え）　５時

（２）　１時間後の　時こくは　長い　はりが
１まわり　して，みじかい　はりが　６と
７の　間に　うごいた　時こくなので，
６時15分です。

（答え）　６時15分

この時計は５時15分だね。

(1)

(2)

れいだい２

１時間10分は　何分ですか。

１時間10分は，60分と　10分を　合わせた
時間なので，70分です。

（答え）　70分

１時間＝60分を
つかえばよいね。

おうちの方へ

“○時間前”や“○分前”は，実際に時計の針を動かしてみるとよいでしょう。時計の模型がない場合，可能であれば，普段使っているアナログ時計の電池を一時的に抜くと代用できます。一緒に針を動かしながら，「長い針が１周動くと１時間だね」などと確認しましょう。

れんしゅうもんだい ・● 時こくと　時間 ●・

1　右の　時計は　今の　時こくを　あらわして　います。つぎの　もんだいに　答えましょう。

（1）　今の　時こくは　何時何分ですか。

(答え)＿＿＿＿＿＿＿＿

（2）　今から　50分前の　時こくは　何時何分ですか。

(答え)＿＿＿＿＿＿＿＿

（3）　今から　30分　たった　時こくは　何時何分ですか。

(答え)＿＿＿＿＿＿＿＿

2　つぎの　時計の　時こくは　何時何分ですか。午前，午後を　つかって　答えましょう。

（1）　朝　おきた　時こく

（2）　学校を　出た　時こく

(答え)＿＿＿＿＿＿＿＿

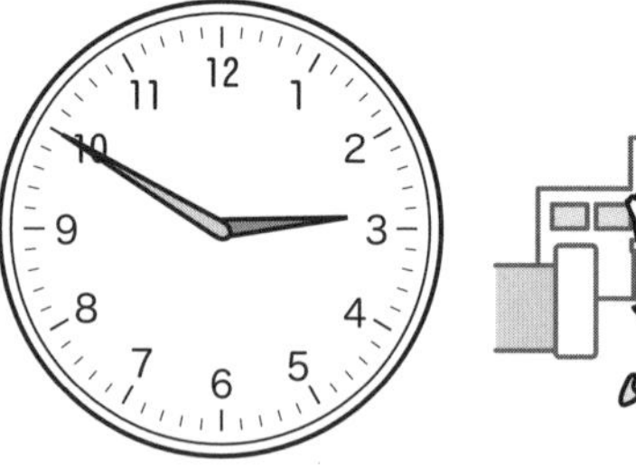

(答え)＿＿＿＿＿＿＿＿

おうちの方へ　“午前”，“午後”の用語も２年生で学びます。正午の12時より前が午前，あとが午後と，P.60の数直線を見れば覚えやすいのではないでしょうか。この“午”は，昔，午前11時から午後１時の間を「午の刻（うまのこく）」と呼んでいたなごりです。他の時刻も調べてみましょう。

答えは 106 ページ →

3 □に　あてはまる　数を　答えましょう。

（1）　1時間30分＝□分　　（答え）＿＿＿＿

（2）　100分＝□時間□分　　（答え）＿＿＿＿

（3）　1日は　□時間で，午前が　□時間，午後が　□時間あります。

（答え）＿＿＿＿

4 　右の　時計は　今の　時こくを　あらわしています。今から　40分　しゅくだいを　します。しゅくだいが　おわるのは　何時何分ですか。

（答え）＿＿＿＿

5 　けんとさんは　午前9時に　家を出て，午後6時に家に　帰りました。けんとさんが家を　出てから家に　帰るまで　何時間かかりましたか。

（答え）＿＿＿＿

おうちの方へ　生活の中では“時刻”と“時間”の区別があいまいなことがあります。「家に着くのは午後○時だよ」は時刻，「家に着くまでは○時間だよ」は時間です。この単元の学習後は，「いまの時間は何時？」と聞かず，あえて「いまの時刻は何時？」などと聞いてもよいかもしれません。

数(かず)あそび ①

ピラミッドのように　かさなった　□が　あります。
下(した)に　ある　□に　書(か)かれている，となり合(あ)う　数(かず)を
たした　答(こた)えが，上(うえ)の　□の　数に　なります。
もんだいの　ピラミッドの　□に，あてはまる　数を　書きましょう。

れい▶

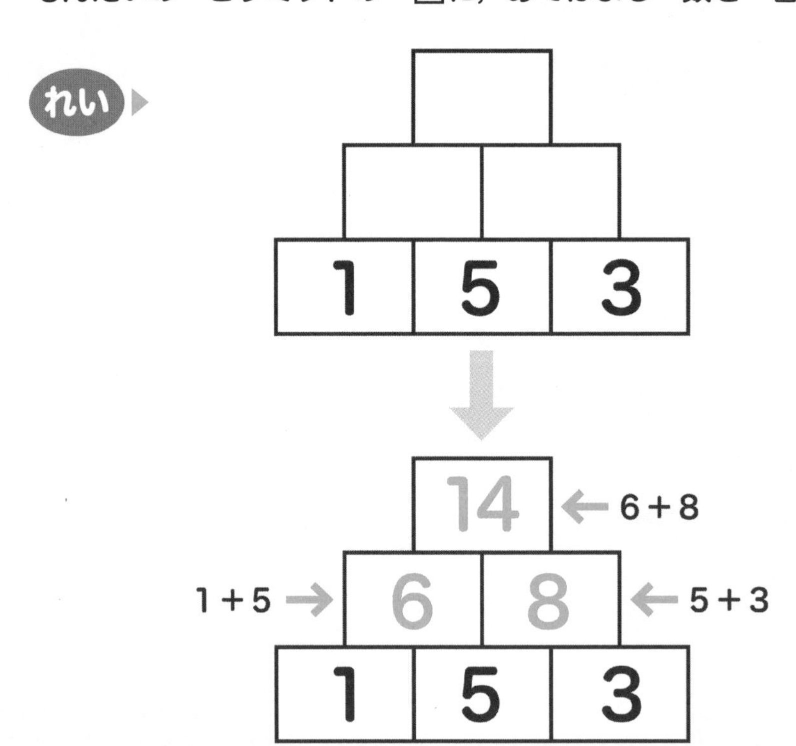

もんだい1

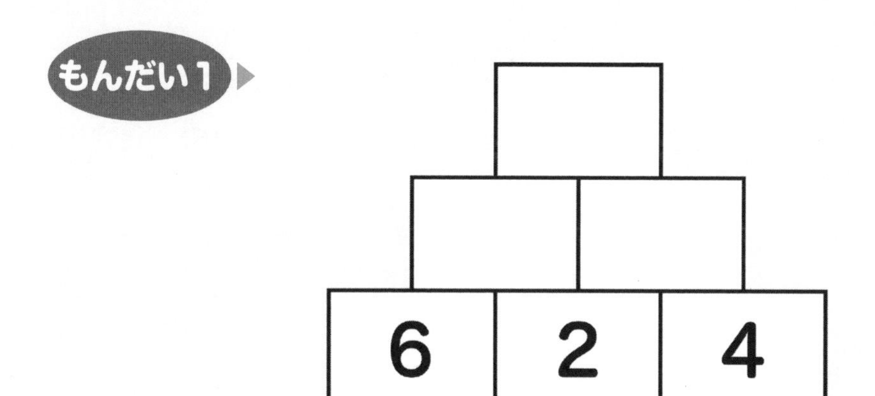

もんだい2

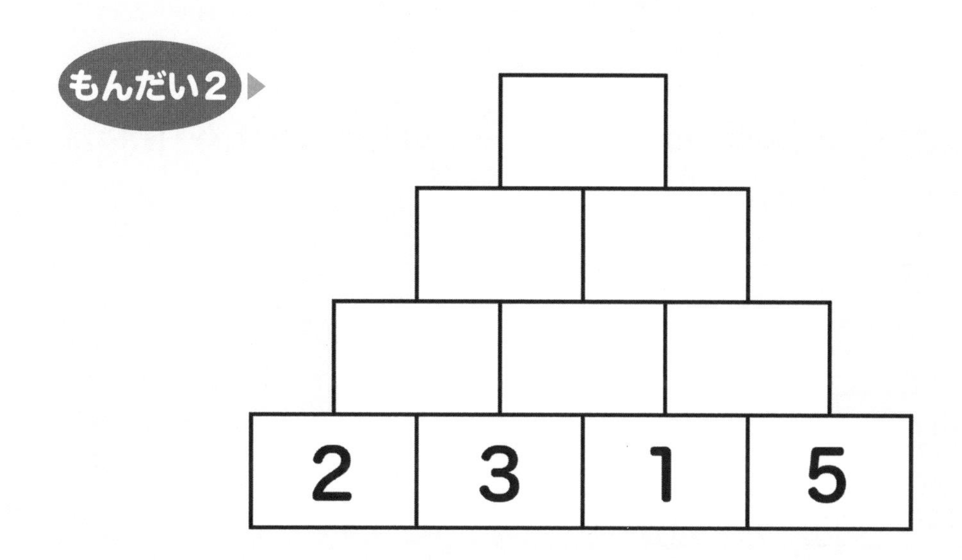

答えは 122 ページ

2-6 長さ

長さの　たんい

長さは，１mや，１cm，１mmの　何こ分かで　あらわせます。

１mmは　１cmを　同じ　長さ　10こに　分けた　１つ分の　長さです。

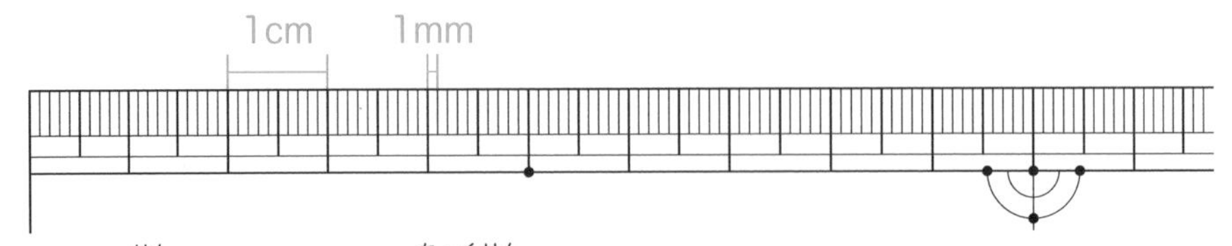

まっすぐな　線の　ことを　直線と　いいます。

直線の　長さを　はかる　ときは，左はしと　０の　目もりを　そろえます。

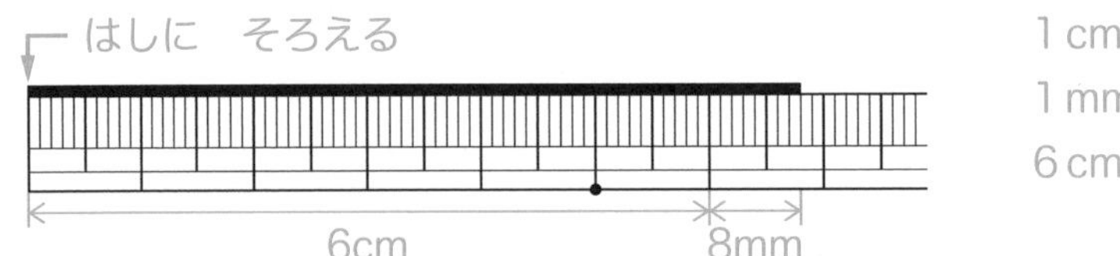

１cmが　６こ分と，
１mmが　８こ分で，
６cm８mmです。

大切　**長さの　たんいは，cm（センチメートル），mm（ミリメートル）が　ある。**
１cm＝10mm，１m＝100cm。

長さの　計算

cmは　cmどうし，mmは　mmどうしで　計算します。

5cm	2mm	＋	4cm	3mm	＝	9cm	5mm

1m	－	20cm	＝	100cm	－	20cm	＝	80cm

大切　**同じ　たんいどうしを　計算したり，たんいを　そろえたりして，計算する。**

「ます目５個分の長さ」と言われても，同じます目を持っていないと，どのくらいの長さかわかりません。そこで，cmなどの共通の単位が必要になります。cmやmmは，“普遍単位”といい，世界共通の単位です。

れいだい１

下の　図の　直線の　長さは　何cm何mmですか。ものさしを
つかって　はかりましょう。

ものさしの　０の　目もりを　直線の　左はしに　そろえて
はかります。１cmが　４こ分と，１mmが　２こ分で，４cm２mmです。

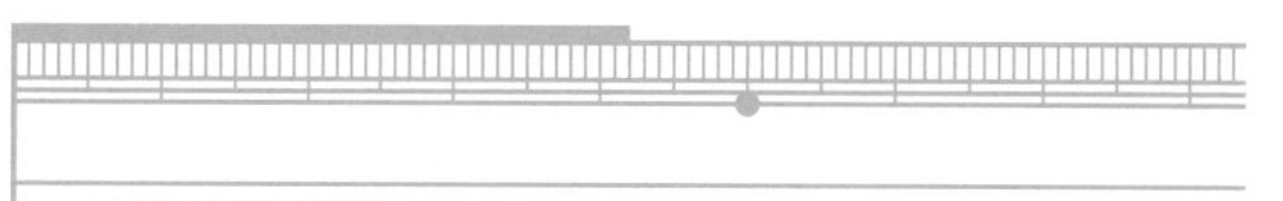

（答え）　４cm２mm

れいだい２

赤の　リボンの　長さは　８cm，青の　リボンの
長さは　６cmです。赤の　リボンは　青の
リボンより　何cm　長いですか。

８cm－６cm＝２cm

長さのちがいも
ひき算で
もとめられるね。

（答え）　２cm

おうちの方へ　長さを正しく測るために，ものさしの使い方もたくさん練習してください。イラストのものさしは左端が０の目もりになっていますが，ものさしによっては端から数mmあけて０の目もりがついているものもあります。０の目もりを測るものの端に合わせて測るように促してください。

れんしゅうもんだい ・●長さ●・

1 下の　図の　線の　長さは　何cm何mmですか。ものさしを　つかって　はかりましょう。

（1）　　　　　　　　　　　　　　　（2）

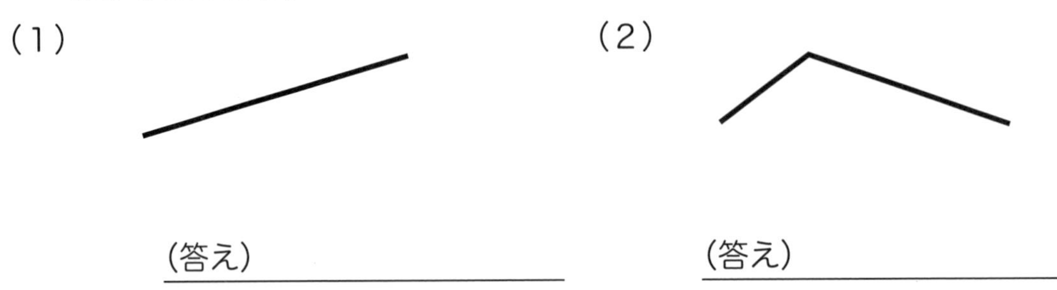

（答え）＿＿＿＿＿＿＿＿　　　（答え）＿＿＿＿＿＿＿＿

2 黒ばんの　よこの　長さを　はかると，１mの　ものさし　４つ分と，30cmの　ものさし　１つ分を　合わせた　長さでした。つぎの　もんだいに　答えましょう。

（1）　黒ばんの　よこの　長さは　何m何cmですか。

（答え）＿＿＿＿＿＿＿＿

（2）　黒ばんの　よこの　長さは　何cmですか。

（答え）＿＿＿＿＿＿＿＿

ものの長さによって，単位を使い分けることが重要です。②の黒板の横の長さをmとcmを合わせて表すと４m30cmですが，mmだけで表すと4300mmとなり，桁数が多くなってしまいます。このように，単位を使い分けることで，数量が扱いやすくなります。

答えは 108 ページ

3 □に　あてはまる　数(かず)を　答えましょう。

（1）　3cm＝□mm

(答え)＿＿＿＿

（2）　69mm＝□cm□mm

(答え)＿＿＿＿

（3）　4m20cm＝□cm

(答え)＿＿＿＿

（4）　710cm＝□m□cm

(答え)＿＿＿＿

4 つぎの　計算(けいさん)を　しましょう。

（1）　4cm8mm＋6cm7mm

(答え)＿＿＿＿

（2）　10m3cm－8m5cm

(答え)＿＿＿＿

5 長方形(ちょうほうけい)の　形(かたち)を　した　花(か)だんの　たての　長さは　2m50cmです。よこの　長さは　たての　長さより　1m15cm　長いです。この花だんの　まわりの　長さは　何m何cmですか。

(答え)＿＿＿＿

④（1）のように，mmのたし算の結果が10mmを超える場合は，10mmを1cmに変換します。ひき算でも，④（2）のように，cmの部分がひけない場合は，1mを100cmに変換します。cmとmmの移動と，mとcmの移動では，桁数が違うので注意が必要です。

2-7 水の　かさ

かさの　たんい

かさは，１Lや，１dL，１mLの　何こ分かで　あらわす　ことが　できます。
１Lは　１dL　10こ分の　かさです。
１dLは　１mL　100こ分の　かさです。

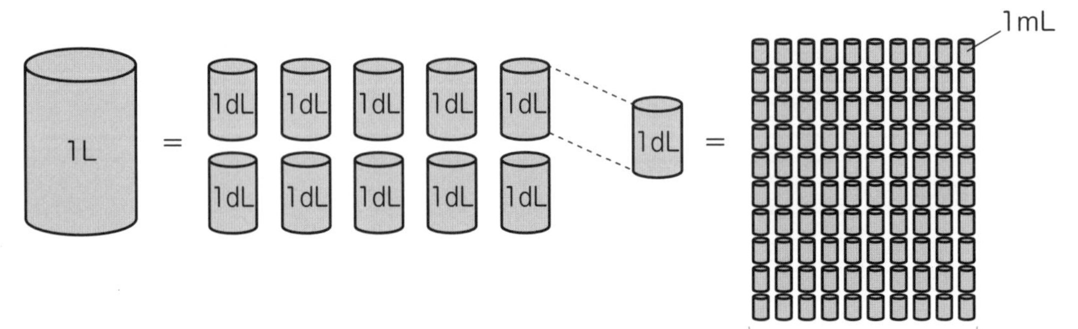

大切　**かさの　たんいは，L（リットル）や**
dL(デシリットル)，mL(ミリリットル)が　ある。
１L＝10dL，１dL＝100mL，１L＝1000mL。

かさの　計算

Lは　Lどうし，dLは　dLどうし，mLは　mLどうしで　計算します。

4L 3dL ＋ 3L 1dL ＝ 7L 4dL

1L － 6dL ＝ 10dL － 6dL ＝ 4dL

大切　**同じ　たんいどうしを　計算したり，たんいを　そろえたりして，計算する。**

おうちの方へ

水のかさも，長さと同様に普遍単位を学びます。「コップ３杯分の水」と言われても，紙コップかマグカップかで，量は変わります。そこでmLなどの共通の単位が必要になります。計量カップの“１カップ”も日本と海外では表す量が違いますが，普遍単位は世界共通です。

れいだい１

つぎの　水の　かさは　何L 何dLですか。

（２）は，１Lますを10こに分けた１こ分のかさが１dLであることをつかって考えよう。

（１）

（２）

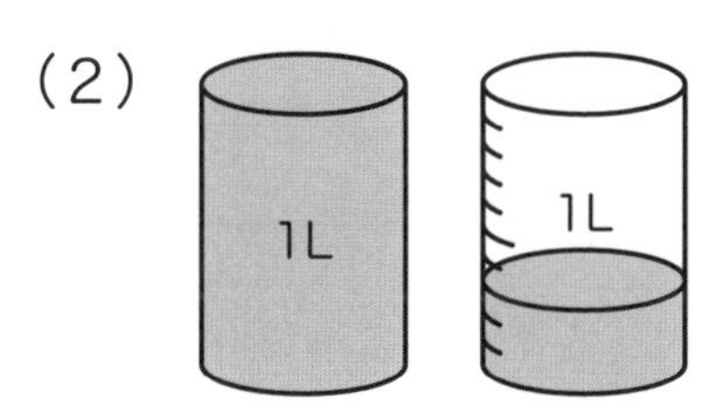

（１）　１Lが　２こ分と　１dLが　５こ分で，２L５dLです。

（答え）　２L５dL

（２）　１Lが　１こ分と　１Lを　10こに　分けた　かさ　３こ分で，
１L３dLです。

（答え）　１L３dL

れいだい２

お茶が，やかんに　１L２dL，水とうに４dL　入って　います。お茶は　ぜんぶで何L何dLですか。

合わせたかさもたし算でもとめればよいね。

１L２dL＋４dL＝１L６dL

（答え）　１L６dL

れいだい１（２）には，１Lの容器の途中まで水が入っています。このとき，Lより小さい単位がないと，数量を整数で表すことができません。dLやmLがあることで，いろいろなかさをわかりやすい値で表すことができています。

れんしゅうもんだい　水の　かさ

1　下(した)の　図(ず)の　水(みず)の　かさに　ついて，つぎの　もんだいに　答(こた)えましょう。

（1）　何(なん)L何dLですか。

(答え) ＿＿＿＿＿＿

（2）　何dLですか。

(答え) ＿＿＿＿＿＿

2　□に　あてはまる　数(かず)を　答えましょう。

（1）　8L＝□dL

(答え) ＿＿＿＿＿＿

（2）　38dL＝□L□dL

(答え) ＿＿＿＿＿＿

（3）　400mL＝□dL

(答え) ＿＿＿＿＿＿

（4）　7L＝□mL

(答え) ＿＿＿＿＿＿

おうちの方へ　dLは，生活の中ではなじみが薄いかもしれませんが，一部の分野では一般的に使われています。手元にあれば，健康診断の結果を見てみてください。コレステロール値などでdLを見つけられると思います。他にも，野菜の種を販売するときに使われることがあるようです。

答えは 110 ページ →

③　オレンジジュースが　1L3dL，りんごジュースが　9dL，ぶどうジュースが　1000mL　あります。オレンジジュース，りんごジュース，ぶどうジュースの　うち，いちばん　多(おお)いのは　どの　ジュースですか。

(答え)＿＿＿＿＿＿＿＿

④　つぎの　計算(けいさん)を　しましょう。

（1）　1L6dL＋5L5dL

(答え)＿＿＿＿＿＿＿＿

（2）　9L7dL－5L8dL

(答え)＿＿＿＿＿＿＿＿

⑤　お茶(ちゃ)が　ポットに　3L5dL，やかんに　1L5dL　入(はい)って　います。

（1）　ポットの　お茶と　やかんの　お茶は　合(あ)わせて　何Lですか。

(答え)＿＿＿＿＿＿＿＿

（2）　ポットの　お茶は，やかんの　お茶より　何L　多いですか。

(答え)＿＿＿＿＿＿＿＿

おうちの方へ　④（1）のように，dLのたし算の結果が10dLを超える場合は，10dLを1Lに変換します。ひき算でも，④（2）のように，dLの部分がひけない場合は，1Lを10dLに変換します。ここでは，17dLから8dLをひく計算をすることになります。

2-8 三角形と　四角形

辺，ちょう点

三角形は　3本の　直線で　かこまれた　形です。四角形は　4本の　直線で　かこまれた　形です。三角形や　四角形の，まわりの　直線を　辺，かどの　点を　ちょう点と　いいます。

三角形

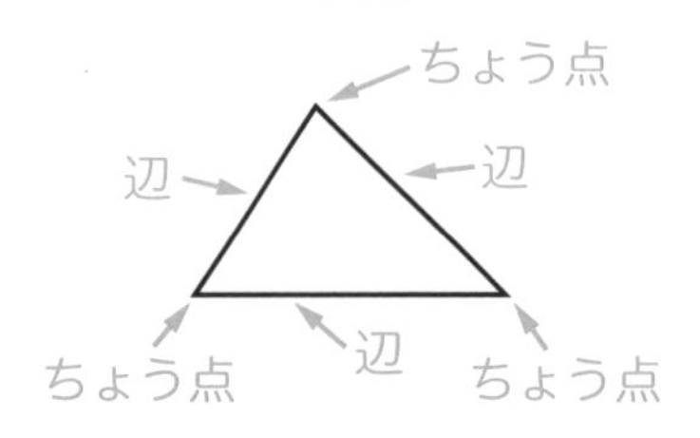

四角形

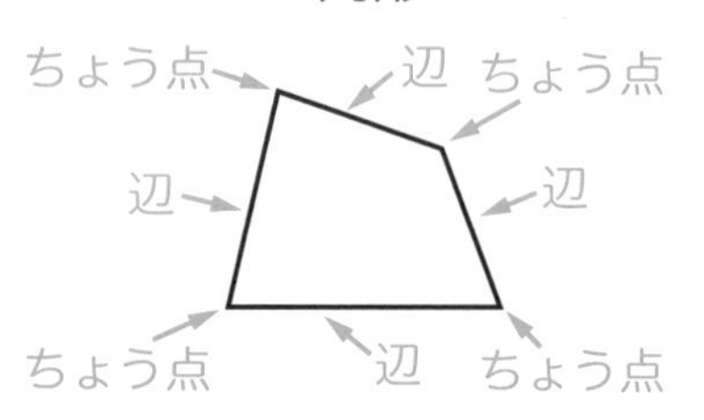

大切　**三角形の　辺は　3本，ちょう点は　3こ。**
四角形の　辺は　4本，ちょう点は　4こ。

長方形，正方形，直角三角形

紙を　おって　できる　かどの　形を　直角と　いいます。

長方形

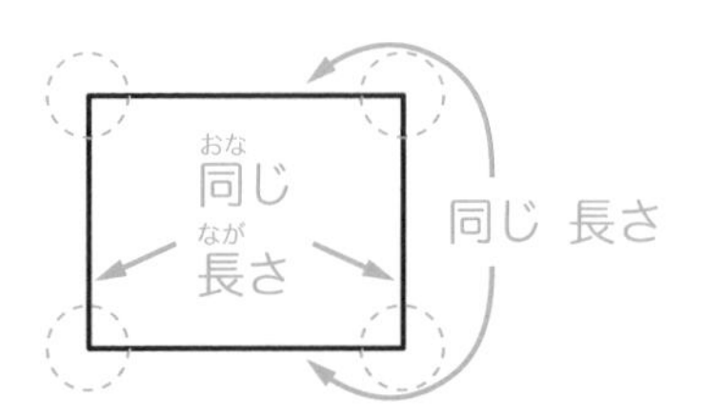

正方形

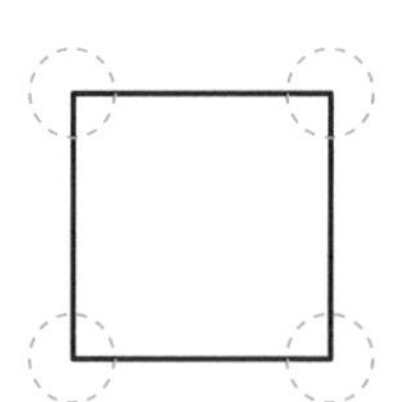

直角三角形

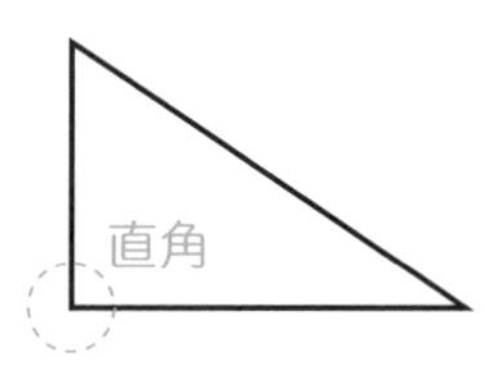

大切　**長方形は　4つの　かどが　ぜんぶ　直角に　なって　いる　四角形。**
正方形は　4つの　かどが　ぜんぶ　直角で，4つの　辺の　長さが　ぜんぶ　同じ　四角形。直角三角形は　直角の　かどが　ある　三角形。

おうちの方へ　正方形や長方形，三角形のものは身の回りにたくさんあります。「これは三角形？四角形？」「四角形なら，正方形？長方形？」などと聞いて，一緒に見つけてみましょう。また，紙を2回折って直角を作る活動をしましょう。実感を伴って学習を進められるはずです。

れいだい１

下(した)の　図(ず)を　見(み)て，つぎの　もんだいに
答(こた)えましょう。

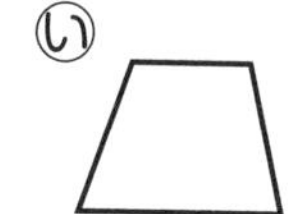
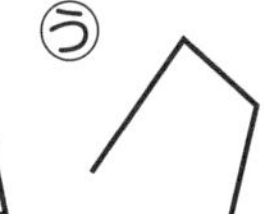
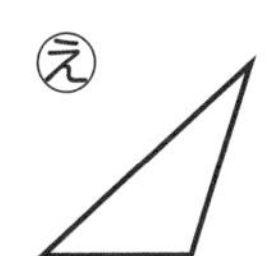

（１）　三角形は　どれですか。
（２）　四角形は　どれですか。

（１）　３本の　直線で　かこまれて　いるのは，
　ⓔです。　　(答え)　ⓔ

（２）　４本の　直線で　かこまれて　いるのは，
　ⓘです。　　(答え)　ⓘ

直線でかこまれた形を
さがそう。直線になって
いないところがあったり，
かこまれていない形は，
三角形や四角形では
ないよ。

れいだい２

下の　図の　長方形で，ⓐの　長さは
何(なん)cmですか。

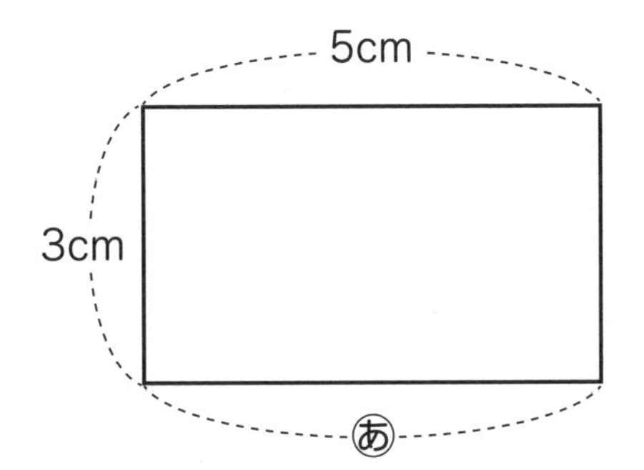

長方形のむかい合(あ)う辺の
長さは同じだね。

ⓐの　辺は，５cmの　長さの　辺と
むかい合って　います。

(答え)　５cm

れいだい１（２）で誤った図形を選んだ場合は「どうしてこれは四角形じゃないのかな」と，理由を一緒に考えます。ⓤの場合だと「直線と直線の間に隙間があるから，囲まれているとはいえないね」などと，図形を指して確認します。自分で説明できるように支援しましょう。

れんしゅうもんだい ・●三角形と　四角形●・

1　下の　ⓐから　ⓒまでの　中から，三角形と　四角形を　ぜんぶ　えらびましょう。

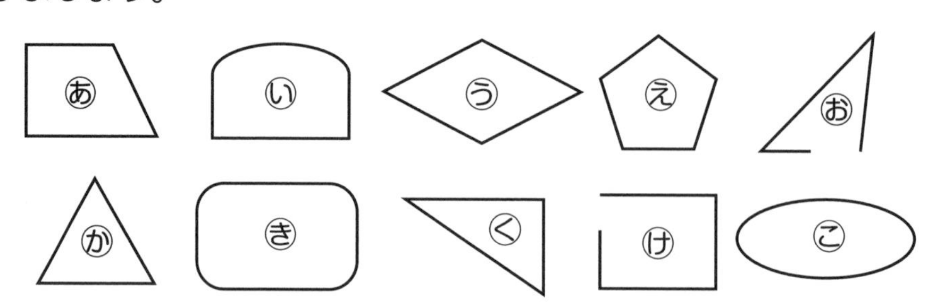

（答え）三角形　　　　　　　　四角形

2　下の　図は，長方形の　紙です。これを　………の　直線で　切ると，三角形と　四角形は　それぞれ　いくつ　できますか。

（1）

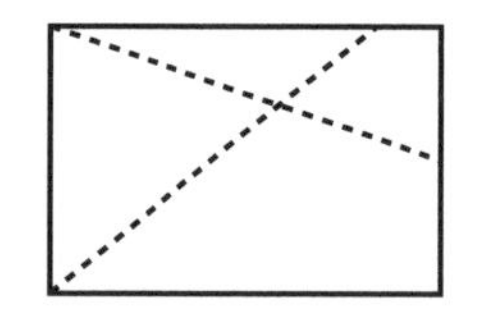

（答え）三角形

四角形

（2）

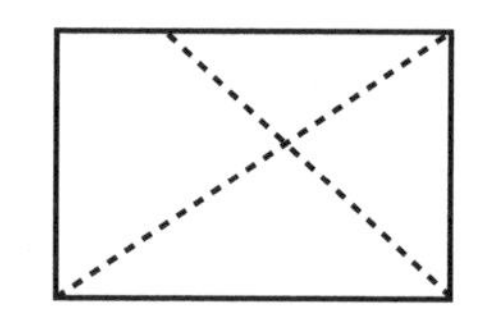

（答え）三角形

四角形

おうちの方へ　①や③で正しく選べた場合も，たとえば，①のⓞを指して「これはどうして三角形じゃないの？」などと聞いてもよいでしょう。ぜひ，その図形を選ばなかった理由を説明してもらってください。説明することで理解が深まり，類似問題にも対応できるようになります。

答えは 112 ページ

3 下の　図の　中で，正方形，直角三角形は　どれですか。㋐から㋗までの　中から　ぜんぶ　えらびましょう。

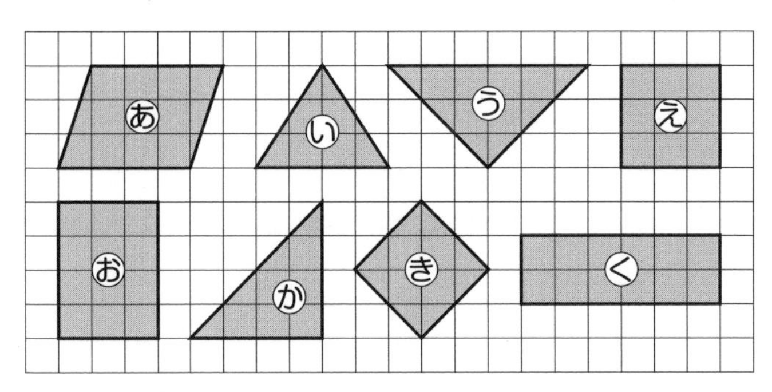

（答え）正方形　　　　　　　　直角三角形

4 右の　図の　四角形は　長方形です。つぎの　もんだいに　答えましょう。

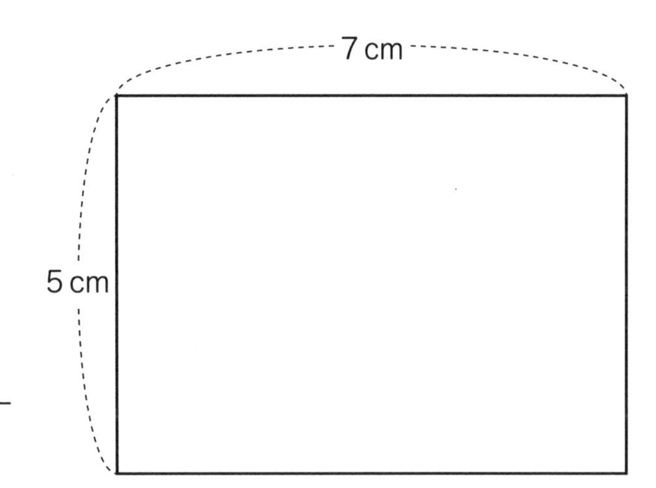

（1）　この　長方形の　まわりの　長さは　何cmですか。

（答え）

（2）　直線を　1本　引いて，長方形を　2つの　直角三角形に　分けます。図に　直線を　かきましょう。

④（2）が難しい場合は，「直角三角形ってどんな形だっけ？」と聞いてみてください。直角のかどがある三角形だということを思い出せたら，直角が長方形のどこにあるか見つけます。頂点のかどを使って三角形を作る方法を考えます。順序立てて考えていきましょう。

2-9 はこの　形

面は，はこの　形で　たいらな　ところです。
辺は，はこの　形で　面と　面の　さかいの　直線です。
ちょう点は，はこの　形で　3本の　辺が　あつまった　ところです。

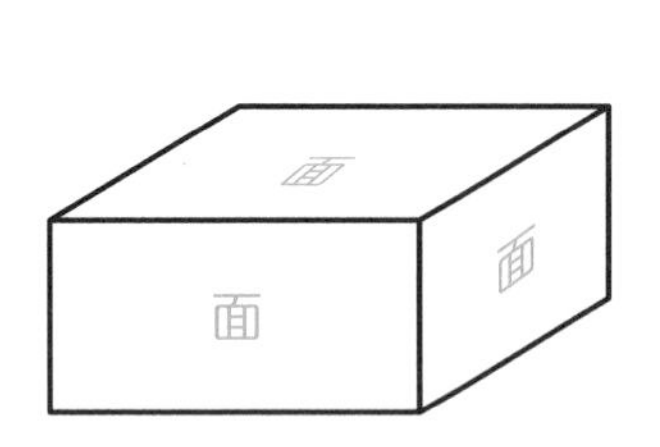

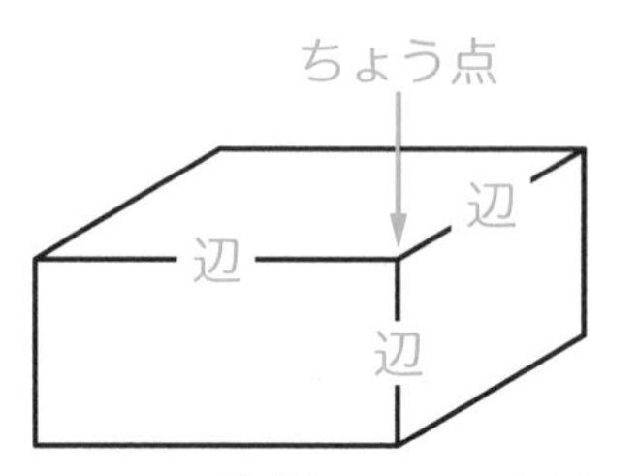

はこの　形は，ひご（ぼう）と　ねん土玉や　工作用紙を　つかって
つくることが　できます。

ねん土玉

工作用紙

ひご

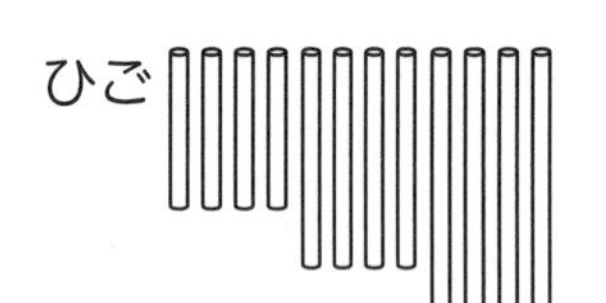

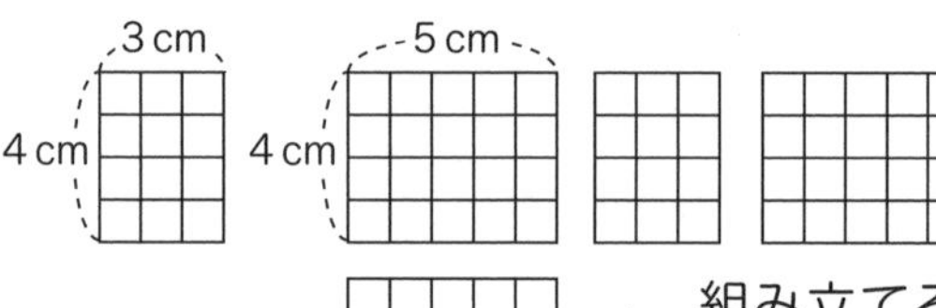

組み立てる

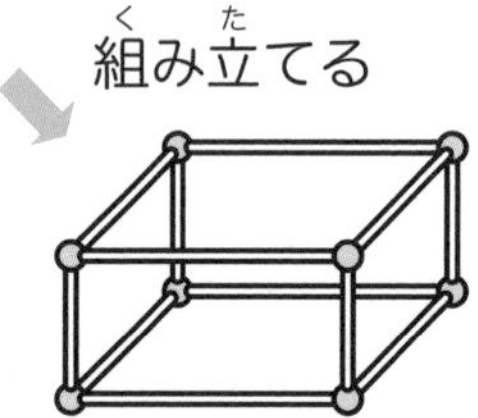

組み立てる

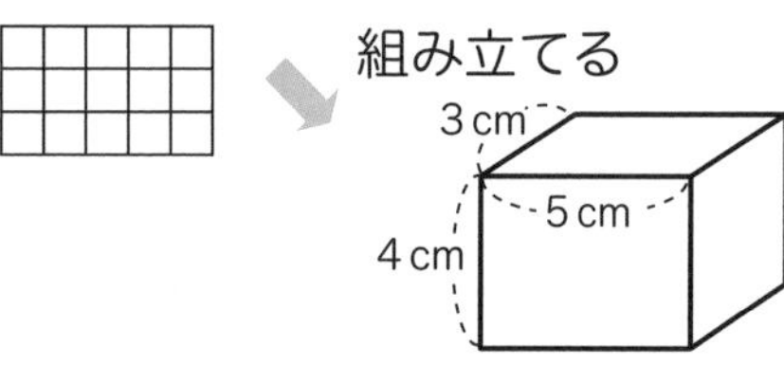

大切　**はこの　形の　面は　6つで，長方形か　正方形。**
むかい合う　面の　形は　同じ。辺は　12本，ちょう点は　8こ。

おうちの方へ　箱の形は，教科書や参考書の紙面上だけでは，理解しにくいかもしれません。四角形の面でできている箱なら何でもよいので，実際の箱を観察してみましょう。上のイラストと見比べながら，「ここが面だね。ここは何だろう？」などと話しながら，触って確認してください。

れいだい１

下の　図の　はこの　形に　ついて，つぎの
もんだいに　答えましょう。

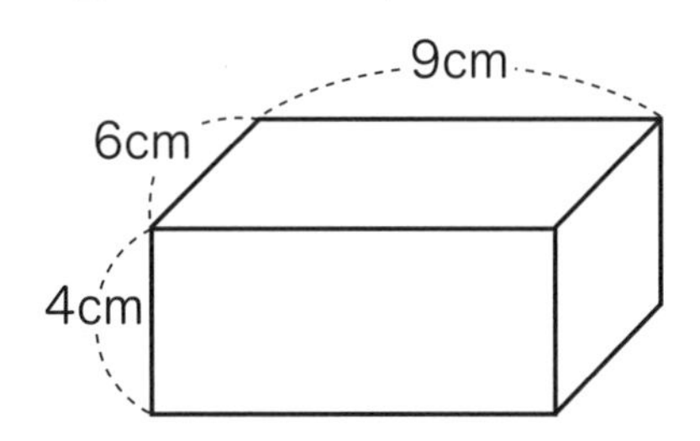

（１）　ちょう点は　何こ　ありますか。
（２）　長さが　４cmの　辺は　何本　ありますか。

見えない　ところに　辺を　かき入れます。

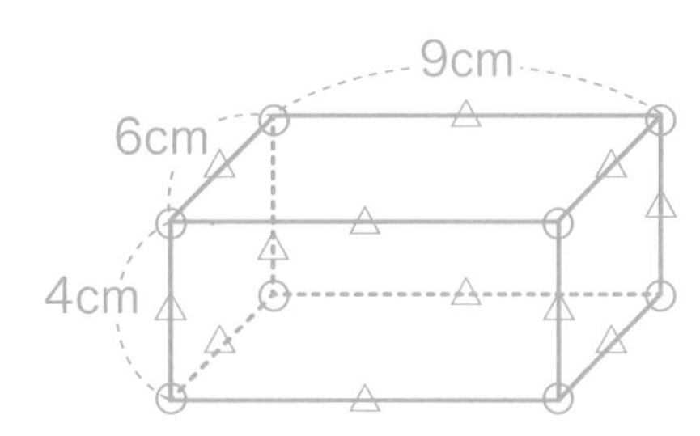

（１）　○を　つけた　ところが　ちょう点です。８こ　あります。

(答え)　８こ

（２）　△を　つけた　ところが　辺です。12本　あります。４cm，６cm，９cmの　辺が　４本ずつです。

(答え)　４本

箱を観察したら，今度は作ってみてください。ひごの代わりに，割り箸を使っても構いません。また，工作用紙は方眼のノートを切ってもよいですし，紙の長さを測って切り取ってもよいです。組み立てる経験をすることで，箱の構成についての理解が深まります。

れんしゅうもんだい ・● はこの　形 ●・

1 右の　図の　はこの　形について，
つぎの　もんだいに　答えましょう。

8cm
8cm
12cm
あ

（1）あの　長さは　何cmですか。

（答え）＿＿＿＿＿＿

（2）正方形の　面は　いくつ　ありますか。

（答え）＿＿＿＿＿＿

2 下の　長方形や　正方形の　中で，
右の　はこの　面に　ない　形は
どれですか。あから　えまでの　中から
1つ　えらびましょう。

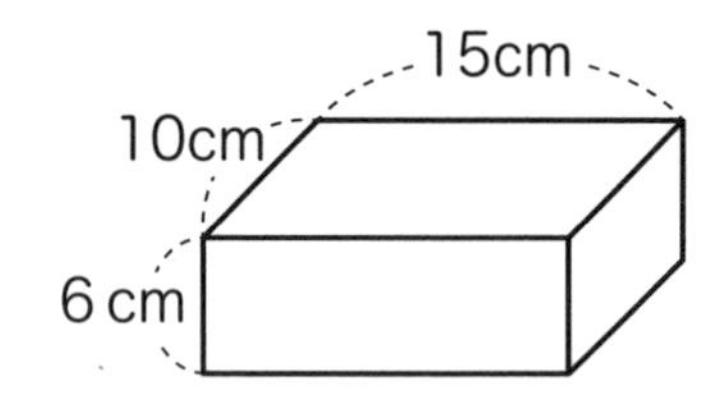

あ　15cm　6cm
い　10cm　6cm
う　10cm　10cm
え　15cm　10cm

（答え）＿＿＿＿＿＿

問題を解く場面でも，最初は実際の箱を見て考えてみましょう。ひごと粘土玉を使ってもよいですし，家にある箱を使ってもよいです。印をつけながら頂点を数えたり，可能であれば，長さを箱に書き込みながら辺を確認したりしましょう。

答えは114ページ→

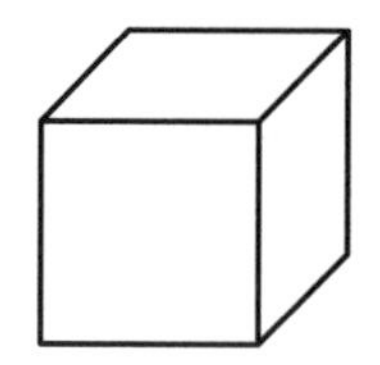

③　さいころの　形について，つぎの　もんだいに答えましょう。

（1）　辺（へん）は　何本（ぼん）　ありますか。

(答え)＿＿＿＿＿＿＿＿

（2）　ちょう点（てん）は　何こ　ありますか。

(答え)＿＿＿＿＿＿＿＿

④　下の　図の　中で，四角形（しかくけい）を　つないで　組（く）み立（た）てても　はこの　形が　できない　ものは　どれですか。㋐，㋑，㋒の　中から　1つ　えらびましょう。

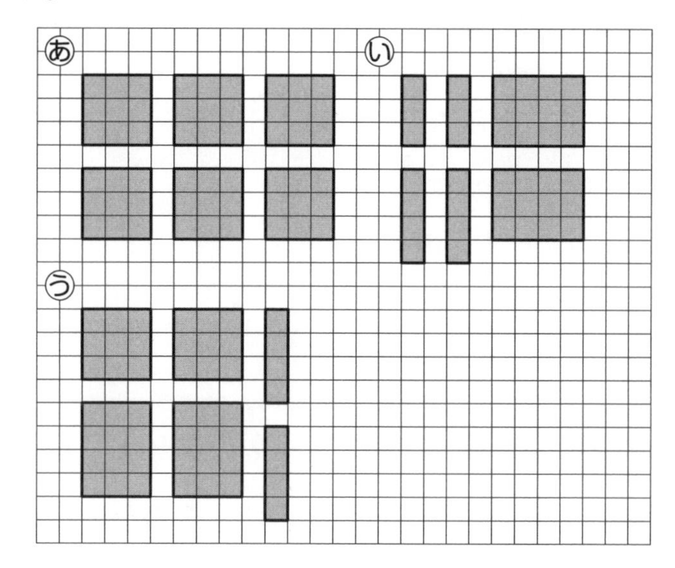

(答え)＿＿＿＿＿＿＿＿

④でうまく進められない場合は，すべての図形を紙に写し取ったものを何組か切り取り，実際に組み立ててみてください。どの辺とどの辺がつなげられるか1つずつ調べましょう。この作業の中で，“面の数は6つ”，“向かい合う面の形は同じ”などの箱の形の特徴も確認しましょう。

2-10 かんたんな　分数

正方形の　紙を　半分に　おった　1つ分の　大きさは，もとの　大きさの $\frac{1}{2}$（二分の一）です。ⓐと　ⓘは　もとの　大きさの　$\frac{1}{2}$です。

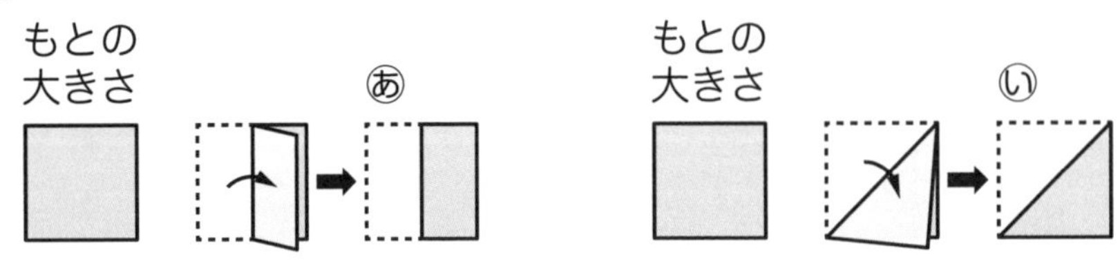

正方形の　紙を　半分に　おった　あと，それを　さらに　半分に　おった　1つ分の　大きさは，もとの　大きさの　$\frac{1}{4}$（四分の一）です。

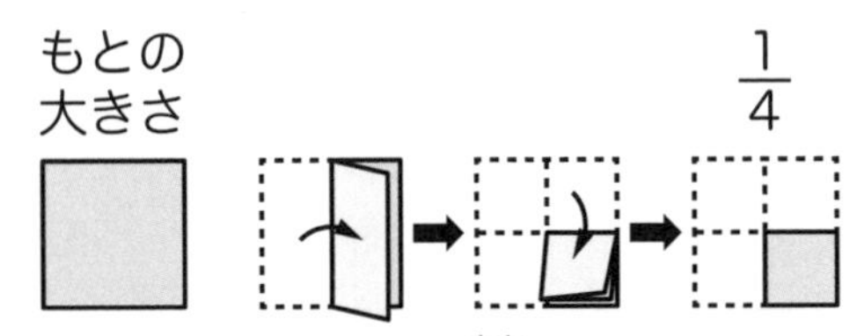

もとの　大きさを　同じように　3つに　分けた　1つ分の　大きさは，もとの　大きさの　$\frac{1}{3}$（三分の一）です。

大切
$\frac{1}{2}$は，もとの　大きさを　半分に　分けた　1つ分の　大きさ。
$\frac{1}{4}$は，$\frac{1}{2}$を　さらに　半分に　分けた　1つ分の　大きさ。
$\frac{1}{2}$や　$\frac{1}{4}$，$\frac{1}{3}$のような　数を，分数と　いう。

おうちの方へ

分数の意味や表し方は，３年生になってから本格的に学んでいきます。２年生では基礎をおさえて，３年生からの学習がスムーズに進められるようにしましょう。今までにはない書き方や読み方をするので，つまずくこともあるかもしれません。丁寧に学習を進めましょう。

れいだい１

下の　図で，①の　$\frac{1}{3}$の　長さに　なって　いる　ものは　(あ)と　(い)の　どちらですか。

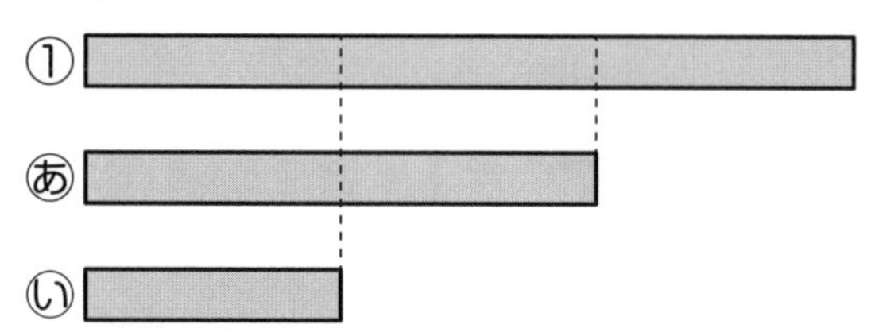

$\frac{1}{3}$は，もとの　大きさを　３つに　分けた　１つ分の　ことなので，①の　$\frac{1}{3}$の　長さに　なって　いる　ものは，(い)です。

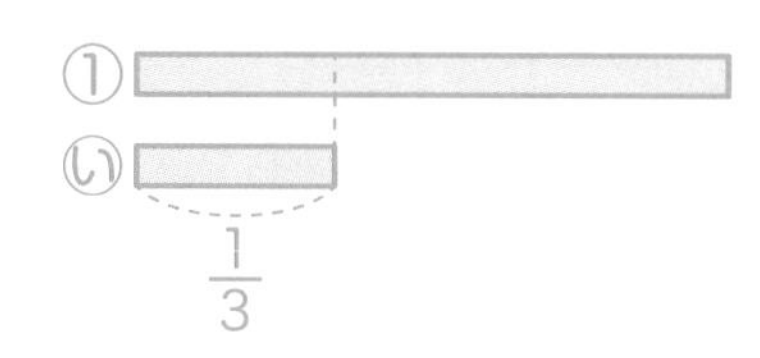

（答え）　(い)

れいだい２

右の　図で，②は　もとの　大きさの　何分の一に　なって　いますか。

②は，もとの　大きさを　同じように　４つに　分けた　１つ分の　大きさなので，$\frac{1}{4}$です。

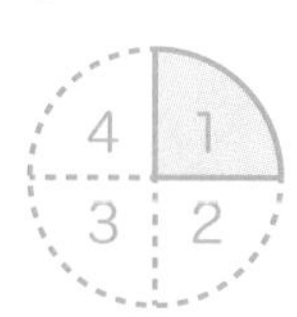

もとの　大きさ

②

（答え）$\frac{1}{4}$（四分の一）

おうちの方へ　分数もまた，実際のものを使って確認すると理解しやすくなります。折り紙やチラシの紙，リボンや紙テープなどを折ったり切ったりして，“もとの大きさ・もとの長さ”と“○○分の一の大きさ・長さ”を実感しましょう。お菓子や食事を分ける場面でも練習できます。

れんしゅうもんだい　かんたんな　分数

1　つぎの　図が，もとの　大きさの　何分の一かを　答えましょう。

（1）

もとの　大きさ

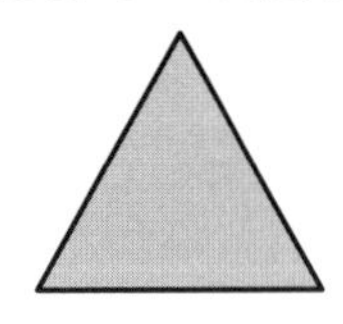

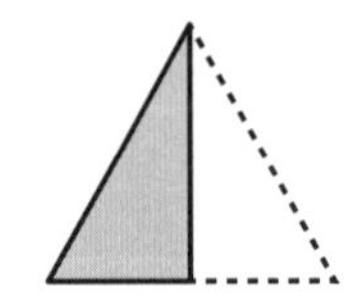

(答え)＿＿＿＿＿＿＿＿

（2）

もとの　大きさ

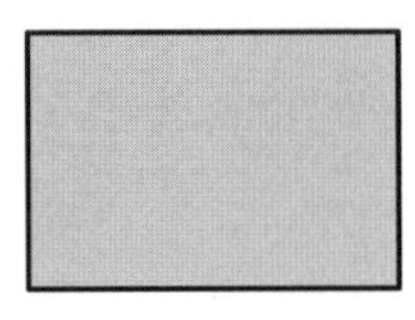

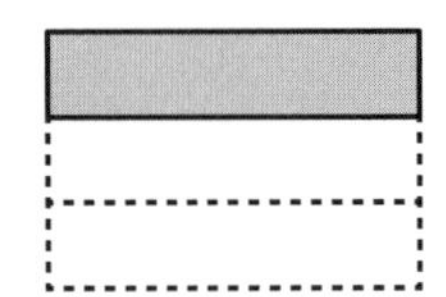

(答え)＿＿＿＿＿＿＿＿

（3）

もとの　大きさ

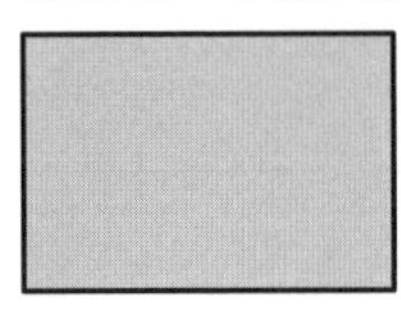

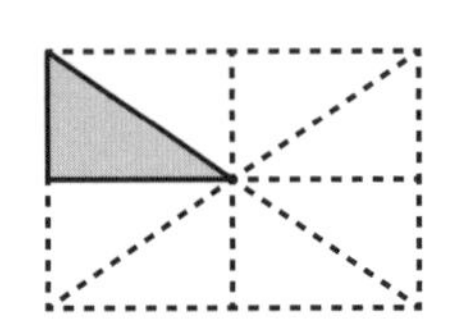

(答え)＿＿＿＿＿＿＿＿

（4）

もとの　大きさ

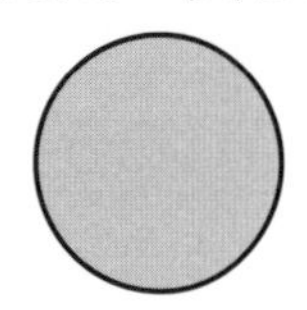

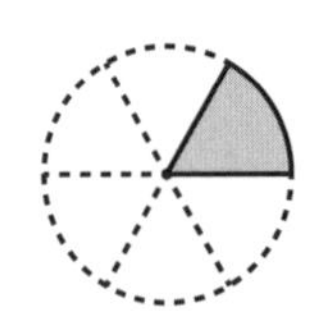

(答え)＿＿＿＿＿＿＿＿

おうちの方へ　①の（3）は，長方形の紙を半分に折り，さらに半分に折り，さらにもう一度半分に折ったものの1つ分です。（3）の分け方以外にも，8等分する方法がいくつもあります。分けられたら，切り分けて重ねるなどして，同じ大きさかも調べてみましょう。

答えは116ページ

2 ㋐は，もとの　大きさの　何分の一ですか。

もとの　大きさ

㋐

(答え)

3 もとの　大きさの　$\frac{1}{8}$に　なって　いる　ものは　どれですか。㋐から　㋔までの　中(なか)から　ぜんぶ　えらびましょう。

もとの　大きさ

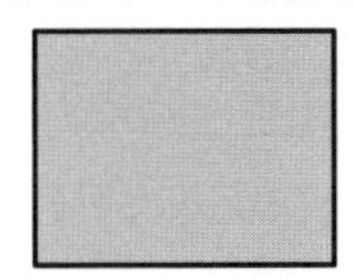

㋐

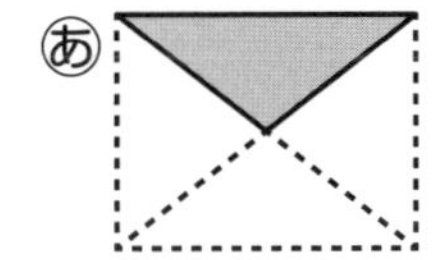

㋑

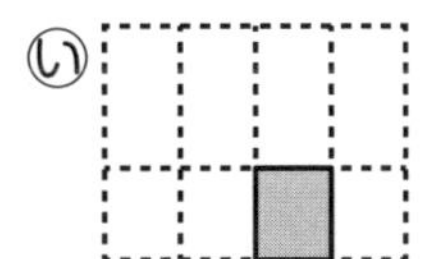

㋒

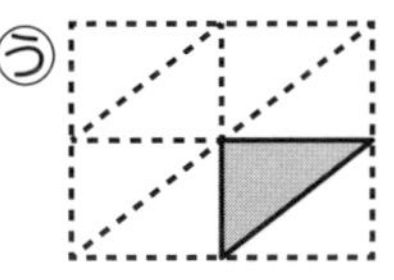

㋓

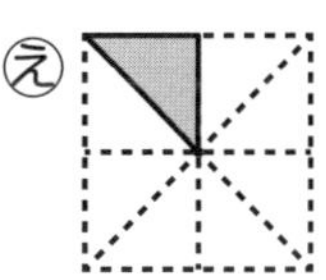

㋔

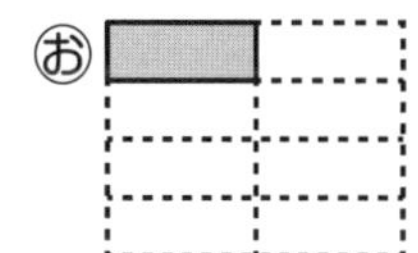

(答え)

おうちの方へ　本書では，“1つのものを3つに分けたうちの1つ分”を表現する分数を紹介しています。分数は他にも“1を3でわったもの（1÷3）”のようなわり算の商としての意味や，“12個の$\frac{1}{3}$”のような割合としての意味などがあります。学年が上がるにつれて少しずつ学んでいきます。

数あそび ❷

たて5マス，よこ5マスの　マス目に，計算しきが　書かれています。もんだいの　あいている　マスに　数を入れて，それぞれ　正しい　しきを　かんせいさせましょう。

れい ▶

3	＋	1	＝	4
＋	■	＋	■	＋
4	＋	2	＝	6
＝	■	＝	■	＝
7	＋	3	＝	10

もんだい

5	−		＝	2
＋	■	＋	■	＋
	−	1	＝	
＝	■	＝	■	＝
9	−		＝	

答えは 123 ページ

1 下(した)の　図(ず)のように，●，○，◎を　じゅん番(ばん)に　ならべて　いきます。

●○○◎●○○◎●○○◎ …

つぎの　もんだいに　答(こた)えましょう。

（1） 左(ひだり)から　13 番めは，●，○，◎の　どれですか。㋐か，㋑か，㋒で答えましょう。

㋐ ●　　㋑ ○　　㋒ ◎

(答え)

（2） 左から　18 番めまでに，○は　何(なん)こ　ありますか。

(答え)

2 右(みぎ)の　㋐から　㋙までに，0 から　9 までの数(かず)を　1 つずつ　入(い)れて，正(ただ)しい　しきをつくりましょう。

㋐ × ㋑ ＝ 0
㋒ × ㋓ ＝ 9
㋔ × ㋕ ＝ 12
㋖ × ㋗ ＝ 35
㋘ × ㋙ ＝ 48

(答え) ㋐　　㋑　　㋒　　㋓　　㋔
㋕　　㋖　　㋗　　㋘　　㋙

3　ありささん，かずきさん，さくらさん，たくみさん，ななこさんの　5人(にん)が　1れつに　ならんで　います。5人が　ならんで　いる　じゅん番に　ついて，下の　ことが　わかって　います。

- たくみさんは，前(まえ)から　4番めです。
- ありささんは，たくみさんの　すぐ　後(うし)ろです。
- ななこさんは，いちばん　前です。
- さくらさんは，かずきさんの　すぐ　前です。

つぎの　もんだいに　答えましょう。

（1）　ありささんは，前から　何番めですか。

(答え)＿＿＿＿＿＿

（2）　さくらさんは，前から　何番めですか。

(答え)＿＿＿＿＿＿

答えは 117 ページ

解答・解説

1-1 数と じゅん番

P14, 15

かいとう

1 あ

2 (1)

(2)

3 (1) 左から 2番めで，上から 3番め

(2) 右から 2番めで，下から 2番め

(3) けいとさん

かいせつ

1

／の しるしを つけながら数えます。

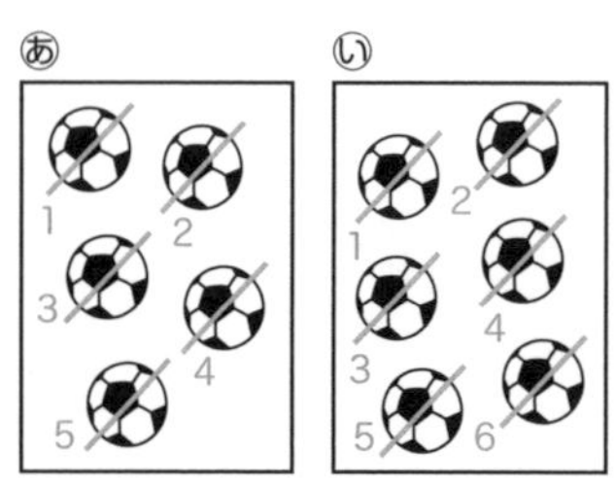

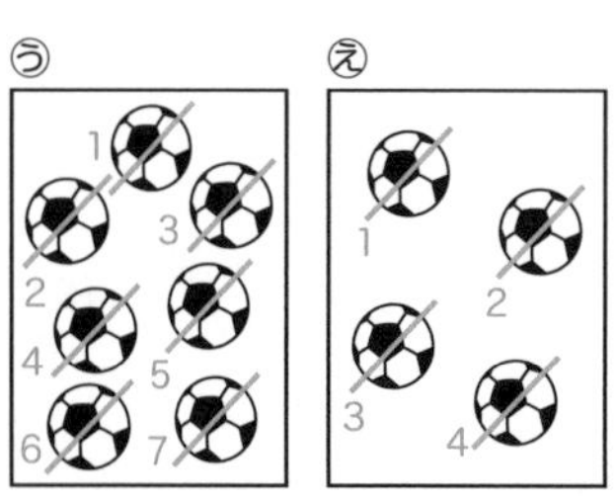

5と 同じ 数の ものは，あです。

(答え) あ

2

(1) (左) 1 2 3 4 5 (右)

「左から 5こめ」は，1こ だけです。

(2) (左) 4 3 2 1 (右)

「右から 4こ」は，右から 4こ ぜんぶです。

3

(1)

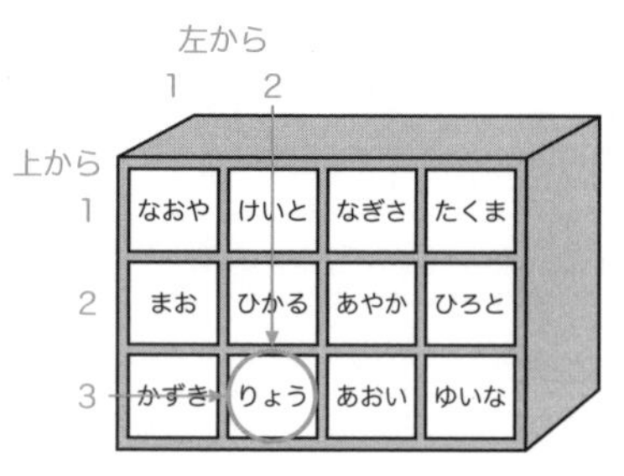

(答え) 左から 2番めで，上から 3番め

（2）

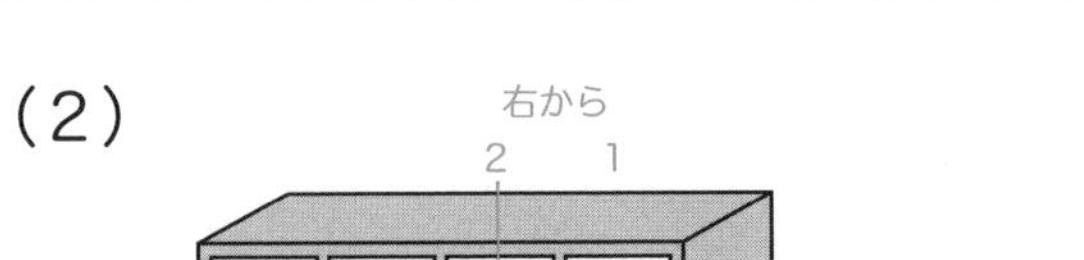
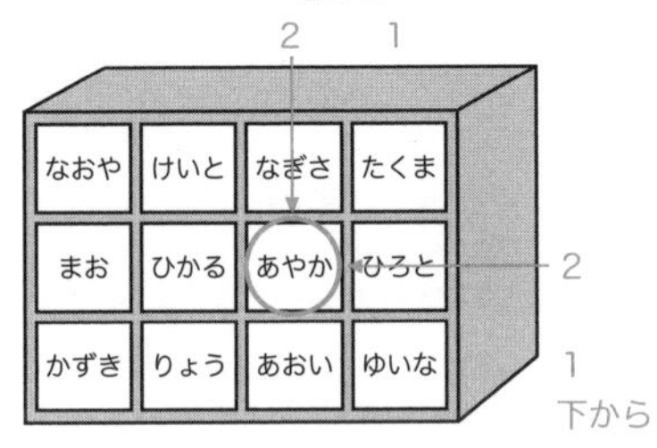

（答え）右から　２番めで，
下から　２番め

（3）

右から　3　2　1

なおや　けいと　なぎさ　たくま　3
まお　ひかる　あやか　ひろと　2
かずき　りょう　あおい　ゆいな　1
下から

（答え）　けいとさん

1－2　10より　大きい　数

P18，19

かいとう

❶（1）86　（2）45，105
（3）105

❷（1）87　（2）3，8
（3）106

❸（1）30　（2）61

❹㋐ 55　㋑ 72
㋒ 99　㋓ 114

かいせつ

❶

（1）　8 6

十（じゅう）のくらい

（答え）　86

（2）　4 5

一（いち）のくらい

1 0 5

一のくらい

（答え）　45，105

（3）　100より　大きい　数は　105だけです。

（答え）　105

❷

（1）　10が　８こで　80，１が７こで　７です。
80と　７で，87です。

（答え）　87

（2）　38は　30と　８です。30は10が　３こです。８は　１が８こです。

（答え）　3，8

（3） 数の線で，100より　6　右に
ある　数は　106です。

100　106
6大きい

（答え）　106

3

数の　ならびかたの　きまりを
見つけます。

（1）
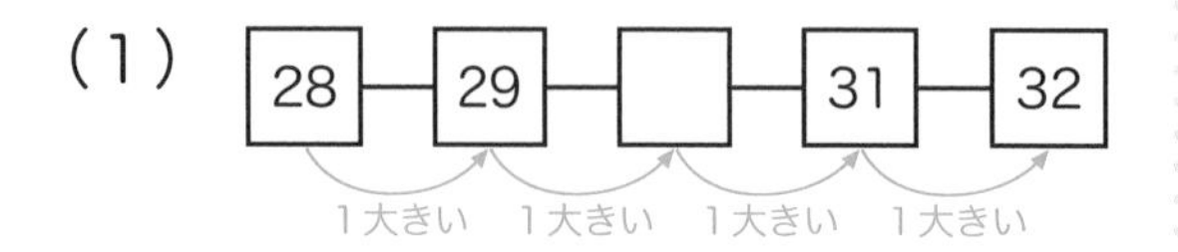

右に　すすむほど　1ずつ
大きく　なって　います。
□に　入る　数は，29より
1　大きい　数で，30です。

（答え）　30

（2）
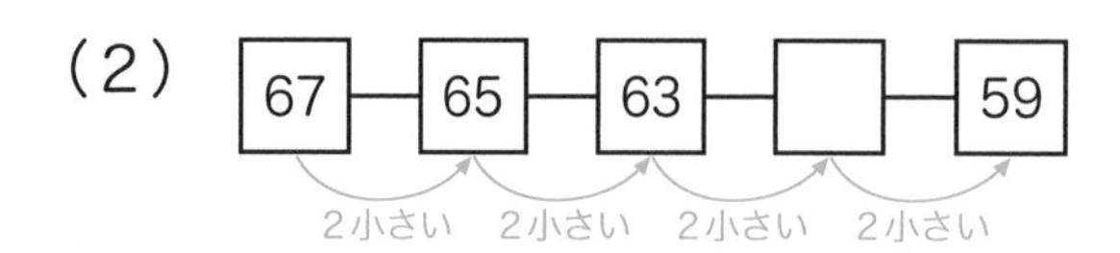

右に　すすむほど　2ずつ
小さく　なって　います。
□に　入る　数は，63より
2　小さい　数で，61です。

（答え）　61

4

数の線は，右へ　いくほど　数
大きく　なります。

あは，50の　5つ　右の
数なので，55です。

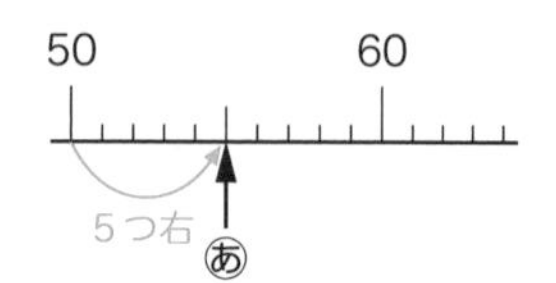

いは，70の　2つ　右の
数なので，72です。

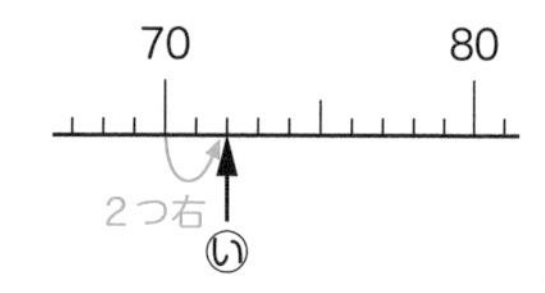

うは，100の　1つ　左の
数なので，99です。

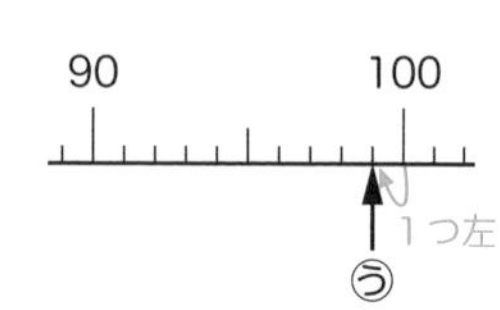

えは，110の　4つ　右の
数なので，114です。

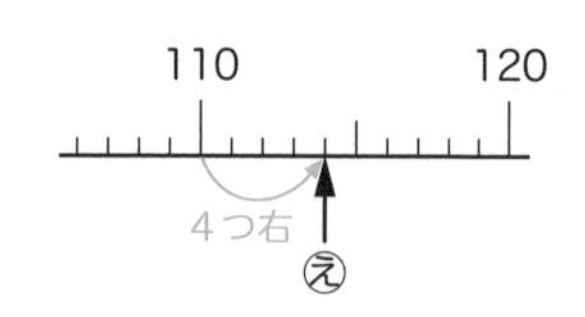

（答え）あ 55　い 72
う 99　え 114

1-3 たし算と　ひき算（1）

P22，23

かいとう

1. 38まい
2. 42こ
3. 17本
4. 8人
5. 90こ
6. 30円

かいせつ

1

ふえた　数は　たし算で
もとめます。

32	+	6	=	38
もらった数		はじめの数		ぜんぶの数

（答え）　38まい

2

少ないほうの　数は　ひき算で
もとめます。多いほうの　数から
ちがいの　数を　ひいて
もとめます。

47	−	5	=	42
なおきさんの数		ちがいの数		まさやさんの数

（答え）　42こ

3

多いほうの　数は　たし算で
もとめます。少ないほうの　数に
ちがいの　数を　たして
もとめます。

8	+	9	=	17
赤いチューリップの数		ちがいの数		白いチューリップの数

（答え）　17本

4

のこりの　数は　ひき算で
もとめます。

15	−	7	=	8
はじめの数		帰った数		のこりの数

（答え）　8人

5

合わせた　数は　たし算で
もとめます。

50	+	40	=	90
あやかさんの数		まいさんの数		合わせた数

（答え）　90こ

6

ちがいの　数は　ひき算で
もとめます。高いほうの
ねだんから　やすいほうの
ねだんを　ひいて　もとめます。

90	−	60	=	30
チョコレートのねだん		クッキーのねだん		ちがいの数

（答え）　30円

1−4 どちらが　長い

P28，29

かいとう

1（1）ⓘ　（2）ⓤ
2 たて
3 ⓞ
4 ⓘ

かいせつ

1

（1）まっすぐな　ものの　長さを
くらべる　ときは，はしを
そろえて　くらべます。

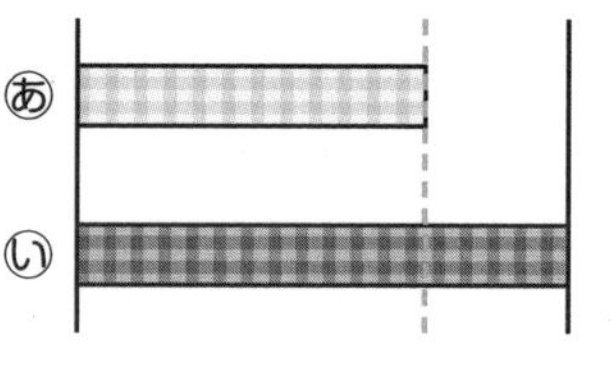

ⓘの　ほうが　出て　いる
分だけ　長いです。

（答え）　ⓘ

（2）まっすぐな　ものと
まがって　いるものは
くらべられないので，ⓤを
まっすぐに　して　くらべます。

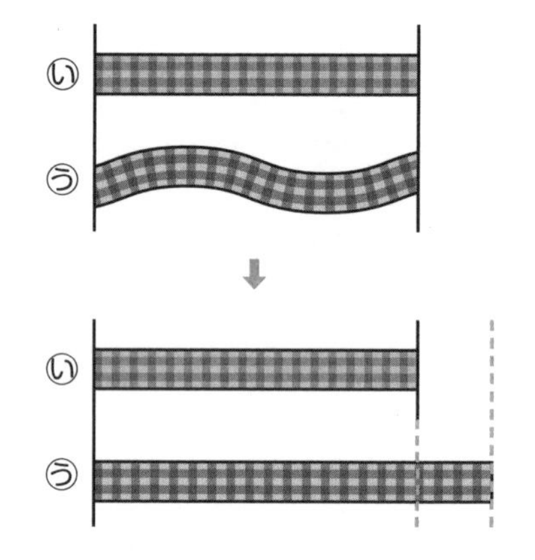

ⓤの　ほうが　出て　いる
分だけ　長いです。

（答え）　ⓤ

②

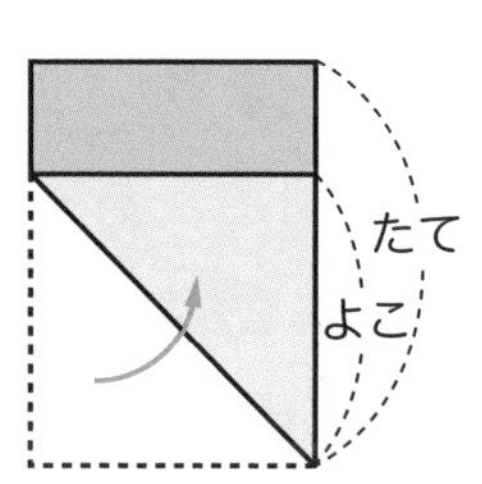

くらべる　ものの　はしが　そろって　いるので，そのままくらべます。
たての　ほうが　長いです。

（答え）　たて

③

ⓐは，目(め)もり　４こ分，
ⓘは，目もり　３こ分，
ⓤは，目もり　２こ分，
ⓔは，目もり　３こ分，
ⓞは，目もり　５こ分です。
いちばん　長いのは，目もり　５こ分の　ⓞです。

（答え）　ⓞ

④

ⓐは，ます　10こ分，
ⓘは，ます　５こ分，
ⓤは，ます　７こ分，
ⓔは，ます　11こ分，
ⓞは，ます　８こ分です。
いちばん　みじかいのは，ます　５こ分の　ⓘです。

（答え）　ⓘ

1－5　どちらが　広い

P32，33

かいとう

1 ⓘ
2（1）ⓐ　（2）ⓤ
3 ⓐと　ⓔ
4（1）ⓘ　（2）ⓤ

かいせつ

1

はしを　そろえて　くらべます。
ⓤが　ⓐから　はみ出て　いるので，ⓤは，ⓐより　広(ひろ)いです。
ⓘが　ⓤから　はみ出て　いるので，ⓘは，ⓤより　広いです。
いちばん　広いのは，ⓘです。

（答え）　ⓘ

2

あは，ます　12こ分，
いは，ます　10こ分，
うは，ます　13こ分です。

（1）　あは　ます　12こ分，いは
ます　10こ分なので，
広いのは　あです。

（答え）　あ

（2）　いちばん　広いのは，ます
13こ分の　うです。

（答え）　う

3

あは，◺　8まい分，
いは，◺　6まい分，
うは，◺　7まい分，
えは，◺　8まい分です。
同じ　広さの　ものは，◺
8まい分の　あと　えです。

（答え）　あと　え

4

ます□の　はんぶんの　◺が
何こ　あるかを　数えます。
あは，◺　20こ分，
いは，◺　25こ分，
うは，◺　24こ分，
えは，◺　22こ分です。

（1）　いちばん　広いのは，
25こ分の　いです。

（答え）　い

（2）　2ばんめに　広いのは，
24こ分の　うです。

（答え）　う

1－6 どちらが　多い

P36，37

かいとう

1 あ
2 あ，う，い
3 （1）い　（2）う
（3）えと　か

かいせつ

1

同じ　大きさの　入れものに入って　いるので，水の　高さでくらべます。

水の　高さが　いちばん　高い(あ)の　水が　いちばん多いです。

（答え）　(あ)

2

ちがう　大きさの　入れものに入って　いて，水の　高さが同じ　ときは，入れものの大きさで　くらべます。

(い)と　(う)では，入れものの大きい　(う)の　ほうが　水が多いです。

(あ)と　(う)は，同じ　大きさの入れものなので，水の　高さが高い　(あ)の　ほうが，水が多いです。

（答え）　(あ)，(う)，(い)

3

水が　いっぱいに　入ったコップの　何ばい分かで数えます。

(あ)は，コップ　８ぱい分，
(い)は，コップ　９はい分，
(う)は，コップ　６ぱい分，
(え)は，コップ　４はい分，
(お)は，コップ　２はい分，
(か)は，コップ　４はい分です。

（１）　水が　いちばん　多く　入っているのは，コップ　９はい分の(い)です。

（答え）　(い)

（２）　(お)と　(か)の　水を　合わせると，コップ　６ぱい分に　なるので，(う)と　同じに　なります。

（答え）　(う)

（３）　水が　同じだけ　入っているのは，コップ４はい分の　(え)と　(か)です。

（答え）　(え)と　(か)

1-7 いろいろな　形

P40，41

かいとう

1 (う)と　(お)

2 (い)

3 (1) (え)　(2) (う)と　(お)

4

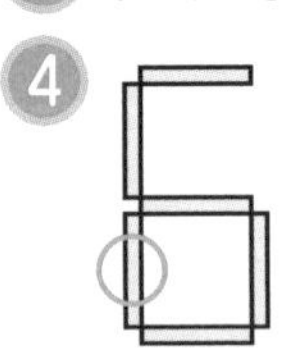

かいせつ

1

(あ)は，はこの　形(かたち)，

(い)は，つつの　形，

(う)は，ボールの　形，

(え)は，つつの　形，

(お)は，ボールの　形，

(か)は，はこの　形です。

ボールの　形は　(う)と　(お)です。

（答え）　(う)と　(お)

2

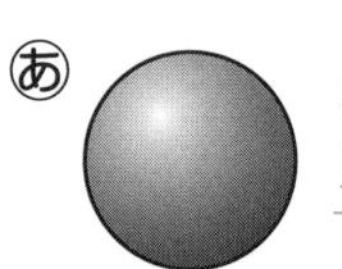

ま上(うえ)から
見(み)ると

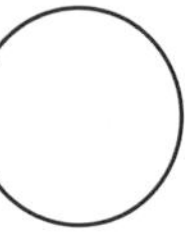

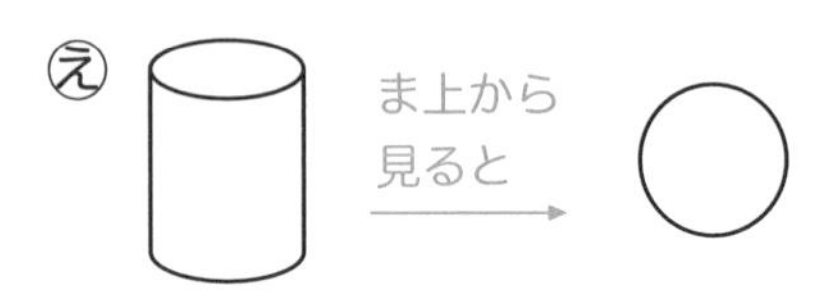

ま上から　見ると　△　に

なる　形は　(い)です。

（答え）　(い)

3

色(いろ)いた◺の　形に　分(わ)けて

数(かぞ)えます。

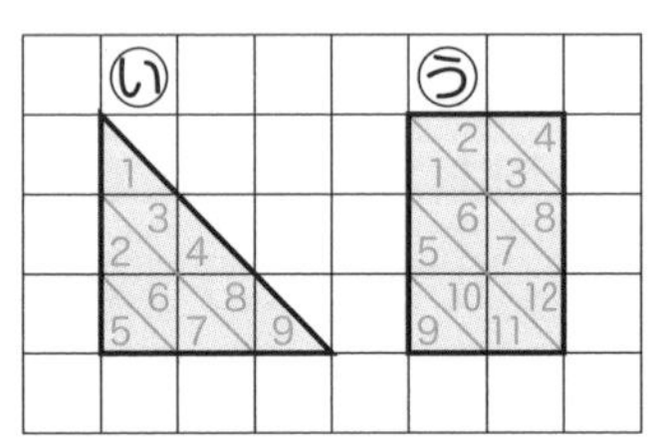

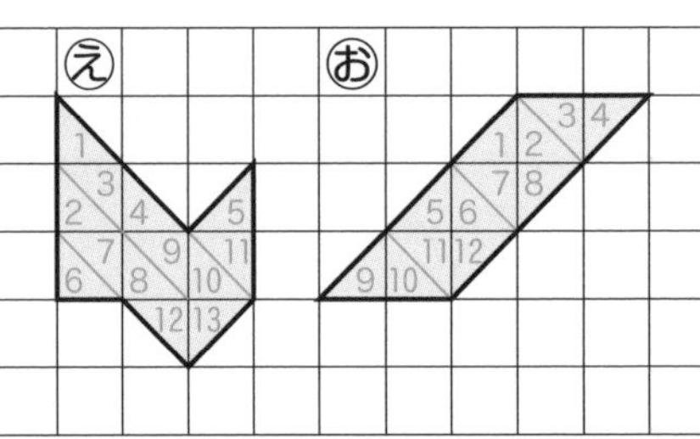

（1） 色いたが いちばん
多(おお)いのは，13まいの ㋓です。

（答え） ㋓

（2） ㋒は，色いた 12まい，
㋔も，色いた 12まいなので，
㋒と ㋔です。

（答え） ㋒と ㋔

4

右(みぎ)の 図(ず)のように
うごかします。

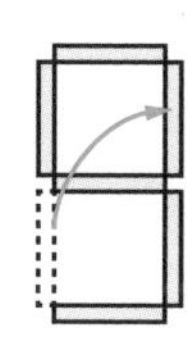

2-1 100より 大きい 数

P46，47

かいとう

1 **（1）405 （2）38**
2 **1352円(えん)**
3 **（1）100 （2）2500**
（3）4900

かいせつ

1

（1） 100が 4こで 400，1が
5こで 5なので，400と
5で 405です。

（答え） 405

（2） 3800は，3000と 800を
合(あ)わせた 数(かず)です。3000は
100を 30こ あつめた 数，
800は 100を 8こ
あつめた 数なので，3800は
100を 38こ あつめた
数です。

（答え） 38こ

2

1000円さつが 1まいで
1000円，100円玉(だま)が 3まいで
300円，10円玉が 5まいで
50円，1円玉が 2まいで
20円なので，ぜんぶで
1352円です。

（答え） 1352円

3

（1） いちばん 小(ちい)さい 目(め)もりは，
1000を 10こに 分(わ)けて
いるので，100を あらわして
います。

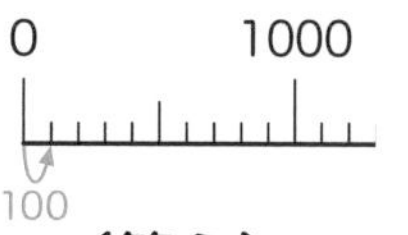

（答え） 100

（2） 2000から 5目もり 右の目もりなので，2000より 500 大きい 数の 2500です。

2000 3000
500大きい
あ

（答え） 2500

（3） 5000から 1目もり 左の目もりなので，5000より 100 小さい 数の 4900です。

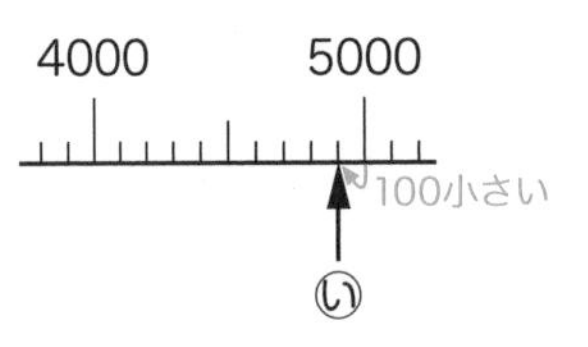

（答え） 4900

2−2 たし算と ひき算（2）

P50，51

かいとう

1（1）900円 （2）400円

2（1）71人 （2）27人

3 86まい

4 354こ

5 242ページ

かいせつ

1

（1） 合わせた 数は，たし算でもとめます。

600＋300＝900

（答え） 900円

（2） のこりの 数は，ひき算でもとめます。はじめの お金からつかった お金を ひいてもとめます。

600－200＝400

（答え） 400円

2

（1） 多いほうの 数は，たし算でもとめます。少ないほうの 数にちがいの 数を たしてもとめます。

56＋15＝71

（答え） 71人

（2） いちぶの　数は，

ひき算で　もとめます。ぜんぶの数から　わかる　ぶぶんをひいて　もとめます。

56－29＝27

$$\begin{array}{r} \overset{4}{\cancel{5}}6 \\ -\ 29 \\ \hline 27 \end{array}$$

（答え）　27人

③

少ないほうの　数は，ひき算でもとめます。多いほうの　数からちがいの　数を　ひいてもとめます。

128－42＝86

$$\begin{array}{r} \cancel{1}28 \\ -\ 42 \\ \hline 86 \end{array}$$

（答え）　86まい

④

ぜんぶの　数は，たし算（ざん）でもとめます。きのうまでの　数にきょう　しゅうかくした　数をたして　もとめます。

318＋36＝354

$$\begin{array}{r} 3\overset{1}{1}8 \\ +\ 36 \\ \hline 354 \end{array}$$

（答え）　354こ

⑤

のこりの　数は，ひき算でもとめます。はじめの　ページの数から　読（よ）んだ　ページの　数をひいて　もとめます。

280－38＝242

$$\begin{array}{r} 2\overset{7}{\cancel{8}}0 \\ -\ 38 \\ \hline 242 \end{array}$$

（答え）　242ページ

2－3 かけ算

P54，55

かいとう

① **24こ**

② **48人**

③ **28わ**

④ **（1）4まい　（2）3まい**
（3）7×6

⑤ **（1）36こ　（2）63こ**

かいせつ

①

4こ　入（はい）った　はこの6はこ分（ぶん）なので，

4　×　6　＝　24

1はこ分の　数　はこの　数　ぜんぶの　数

（答え）　24こ

2

6人(にん)　すわる　ことが　できる
長(なが)いすの　8きゃく分(ぶん)なので,

6　×　8　＝　48
1きゃく分の人数(にんずう)　長いすの数(かず)　ぜんぶの数

(答え)　48人

3

4ばいは　4つ分と　同(おな)じことなので,かけ算(ざん)でもとめます。
7わの　4ばいなので,

7　×　4　＝　28
きのうおった数　何(なん)ばい　きょうおった数

(答え)　28わ

4

九九(くく)の　ひょうから　かけ算の答(こた)えを　さがして,その数のかける数と　かけられる数を見(み)ます。

(1)　答えが　6に　なるカードは,
1×6,2×3,3×2,6×1の4まいです。

(答え)　4まい

(2)　答えが　16に　なるカードは
2×8,4×4,8×2の3まいです。

(答え)　3まい

(3)　6×7＝42です。答えが42に　なる　九九は,ほかに7×6が　あります。
かけ算では,かけられる数とかける数を　入(い)れかえても答えは　同じです。

(答え)　7×6

5

(1)　9こ　入(はい)って　いる　はこの4はこ分なので,

9　×　4　＝　36
1はこ分の　数　はこの　数　ぜんぶの　数

(答え)　36こ

(2)　はこが　3はこ　ふえるので,4＋3＝7で,7はこになります。
9こ　入って　いる　はこの7はこ分なので,

9　×　7　＝　63
1はこ分の　数　はこの　数　ぜんぶの　数

［べつの　とき方］

　ふえた　せっけんは　９こ　入って　いる　はこの　３はこ分なので，
９×３＝27で，27こです。
せっけんは，ぜんぶで
　36＋27＝63

（答え）　63こ

2－4 ひょうと　グラフ

P58，59

かいとう

1 （1）

形	○	△	♡	☆
数（こ）	3	6	8	5

（2）

		○	
		○	
	○	○	
	○	○	○
	○	○	○
○	○	○	○
○	○	○	○
○	○	○	○
○	△	♡	☆

2 （1）６人　（2）水曜日
（3）４人
（4）月曜日と　金曜日

かいせつ

1

　同じ　形に　／の　しるしを　つけながら　数えます。
　○は　３こ，△は　６こ，♡は　８こ，☆は　５こ　あります。

（1）　ひょうの　それぞれの　形の　下に　形の　数を　数字で　書きます。

（2）　それぞれの　形の　数だけ　下から　じゅんに　○を　かきます。

2

（1）　金曜日の　○の　数を　数えると，６こです。

（答え）　６人

（2）　○の　数が　いちばん　多いのは，水曜日です。

（答え）　水曜日

（3） 火曜日に　休んだ　人数は，
7人，木曜日に　休んだ　人数は
3人なので，7－3＝4で，
4人　多いです。

（答え）　4人

（4） ○の　数が　同じなのは，
月曜日と　金曜日です。

（答え）月曜日と　金曜日

2-5 時こくと　時間

P62，63

かいとう

1 （1）8時55分　（2）8時5分
（3）9時25分

2 （1）午前6時43分
（2）午後2時50分

3 （1）90　（2）1，40
（3）24，12，12

4 5時15分

5 9時間

かいせつ

1

（1） みじかい　はりは　8と
9の　間を，長い　はりは
11を　さして　いるので，
8時55分です。

（答え）　8時55分

（2） 長い　はりが　50目もり
もどった　時こくなので，
8時5分です。

（答え）　8時5分

（3） 長い　はりが　30目めもり
すすみます。長い　はりが
12を　通りすぎるので，
みじかい　はりが，9と　10の
間に　うごきます。みじかい
はりは　9と　10の　間を，
長い　はりは　5を　さして
いるので，9時25分です。

（答え）　9時25分

2

正午より　前が　午前，
正午より　あとが　午後です。

(1) 朝(あさ)の　6時43分なので，
午前6時43分です。

(答え) 午前6時43分

(2) 昼(ひる)の　2時50分は，正午より
あとなので，午後2時50分です。

(答え) 午後2時50分

3

(1) 1時間＝60分です。1時間
30分は，60分と　30分を
合(あ)わせた　時間なので，
60＋30＝90です。

(答え)　90

(2) 1時間＝60分です。100分
から，60分を　ひくと，
100−60＝40なので，1時間と
40分で，1時間40分です。

(答え)　1，40

(3) 1日＝24時間です。午前と
午後は　24時間の　ちょうど
半分なので，午前が　12時間，
午後も　12時間です。

(答え) 24，12，12

4

今(いま)の　時こくは，4時35分です。
今の　時こくから，長い　はりが，
40目もり　すすみます。長い
はりが　12を　通りすぎるので，
みじかい　はりは　5と　6の
間に　うごきます。みじかい
はりは　5と　6の　間を，長い
はりは　3を　さして　いるので，
5時15分です。

(答え)　5時15分

5

午前9時から　正午までは
3時間です。正午から，
午後6時までは　6時間なので，
合わせて　9時間です。

(答え)　9時間

2−6
長さ

P68，69

かいとう

1 （1）3cm8mm　（2）4cm4mm
2 （1）4m30cm　（2）430cm
3 （1）30　（2）6，9
（3）420　（4）7，10
4 （1）11cm5mm
（2）1m98cm
5 12m30cm

かいせつ

1

ものさしの　0の　目(め)もりと
線(せん)の　はしを　そろえて
長(なが)さを　はかります。

（1）　1cmが　3こ分(ぶん)と　1mmが
8こ分で，3cm8mmです。

（答え）　3cm8mm

（2）　線が　おれまがって
いる　ところで，2本(ほん)に
分(わ)けます。1本(ぽん)ずつ　線の
長さを　ものさしで
はかってから，長さを
合(あ)わせます。

左(ひだり)がわの　線の　長さは，
1cmが　1つ分と　1mmが
5つ分で，1cm5mmです。
右(みぎ)がわの　線の　長さは，
1cmが　2つ分と　1mmが
9つ分で，2cm9mmです。
1cm5mmと　2cm9mmを
合わせた　長さは
3cm14mmです。
10mm＝1cmなので，
3cm14mm＝4cm4mmです。

（答え）　4cm4mm

2

（1）　1mの　ものさし　4つ分で，
4mです。4mと，30cmを
合わせた　長さなので，
4m30cmです。

（答え）　4m30cm

（2）　1m＝100cmなので，

4m＝400cmです。

400cmと　30cmを

合わせた　長さなので，

430cmです。

（答え）　430cm

3

（1）　1cm＝10mmなので，

3cm＝30mmです。

（答え）　30

（2）　10mm＝1cmなので，

60mm＝6cmです。

60mmと　9mmなので，

6cm＋9mm＝6cm9mmです。

（答え）　6，9

（3）　1m＝100cmなので，

4m＝400cmです。

4mと　20cmなので，

400cm＋20cm＝420cmです。

（答え）　420

（4）　100cm＝1mなので，

700cm＝7mです。

700cmと10cmなので，

7m＋10cm＝7m10cm です。

（答え）　7，10

4

同(おな)じ　たんいどうしで

計算(けいさん)します。

（1）

4cm 8mm＋6cm 7mm＝10cm 15mm

10mm＝1cmなので，

10cm15mm＝11cm5mm

（答え）　11cm5mm

（2）　3cmから　5cmは

ひけないので，10m3cmを

9m103cmとして　考(かんが)えます。

10m3cm－8m5cm

＝9m 103cm－8m 5cm＝1m 98cm

（答え）　1m98cm

5

よこの　長(なが)さは，たての長さより　1m15cm　長いので，よこの　長さは，
2m50cm＋1m15cm＝3m65cmです。
まわりの　長さは，
2m50cm＋2m50cm
＋3m65cm＋3m65cm
＝10m230cm
100cm＝1mなので，
200cm＝2mです。
10m230cm＝12m30cmです。

（答え）　12m30cm

2−7 水の　かさ

P72，73

かいとう

1 （1）4L7dL　（2）47dL
2 （1）80　（2）3，8
（3）4　（4）7000
3 オレンジジュース
4 （1）7L1dL　（2）3L9dL
5 （1）5L　（2）2L

かいせつ

1

（1）　1Lが　4こ分(ぶん)と　1dLが
7こ分で，4L7dLです。

（答え）　4L7dL

（2）　4L＝40dL です。
40dLと　7dLを　合(あ)わせた
かさなので，47dLです。

（答え）　47dL

2

（1）　1L＝10dLなので，
8L＝80dLです。

（答え）　80

（2）　10dL＝1Lなので，
30dL＝3L です。
30dLと　8dLなので，
3L＋8dL＝3L8dLです。

（答え）　3，8

（3）100mL＝1dLなので，
400mL＝4dLです。

（答え）　4

(4)　1L＝1000mLなので，
7L＝7000mLです。

(答え)　7000

❸

たんいを Lと dLに そろえます。
1000mL＝1Lなので，
ぶどうジュースは　1Lです。
オレンジジュースは　1L3dL，
りんごジュースは　9dL，
ぶどうジュースは　1Lなので，
いちばん　多いのは，
オレンジジュースです。

[べつの　とき方]
たんいを　mLに　そろえます。
1L＝1000mL，1dL＝100mL
なので，オレンジジュースは
1L3dL＝1300mLです。
りんごジュースは
9dL＝900mLです。
ぶどうジュースは　1000mLです。
いちばん　多いのは，
オレンジジュースです。

(答え) オレンジジュース

❹

同じ　たんいどうしを
計算します。

(1)
1L6dL＋5L5dL＝6L11dL
10dL＝1Lなので，
6L11dL＝7L1dL

(答え)　7L1dL

(2)　7dLから　8dLは
ひけないので，9L7dLを
8L17dLと　して　考えます。
9L7dL－5L8dL
＝8L17dL－5L8dL＝3L9dL

(答え)　3L9dL

❺

同じ　たんいどうしを
計算します。

(1)
3L5dL＋1L5dL＝4L10dL
10dL＝1Lなので，
4L10dL＝5L

(答え)　5L

（2）

3L 5dL − 1L 5dL ＝ 2L 0dL ＝ 2L

（答え）　2L

2−8
三角形と　四角形

P76，77

かいとう

1 三角形（さんかくけい）　㋕，㋗
四角形（しかくけい）　㋐，㋒

2（1）三角形　2つ，四角形　2つ
（2）三角形　3つ，四角形　1つ

3 正方形（せいほうけい）　㋓，㋖
直角三角形（ちょっかくさんかくけい）　㋒，㋕

4（1）24cm
（2）

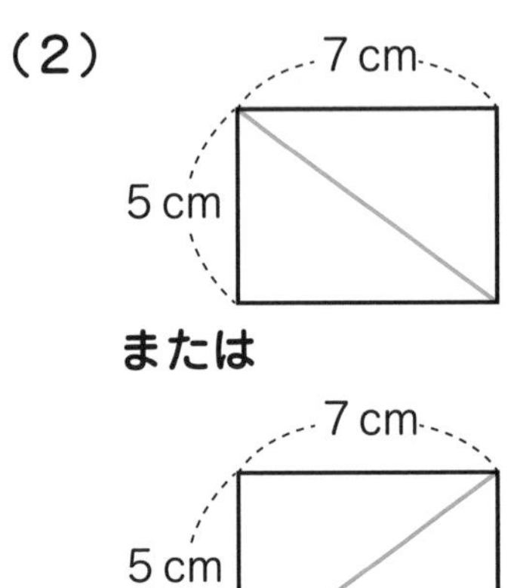

かいせつ

1

三角形は，3本（ぼん）の　直線（ちょくせん）で　かこまれた　形（かたち）です。3本の　直線で　かこまれた　形は，㋕と　㋗です。

四角形は，4本の　直線で　かこまれた　形です。4本の　直線で　かこまれた　形は，㋐と　㋒です。

㋑，㋖，㋙には　まがった　線が　あります。

㋔，㋘は　ちょう点（てん）と　ちょう点の　間（あいだ）に　すき間（ま）が　あって，かこまれて　いません。

㋓は　5本の　直線で　かこまれて　います。

（答え）三角形　㋕，㋗
四角形　㋐，㋒

2

　三角形は　３本の　直線で
かこまれた　形です。
　四角形は　４本の　直線で
かこまれた　形です。

（１）　-----の　直線で　切ると
　下の　ように　なります。

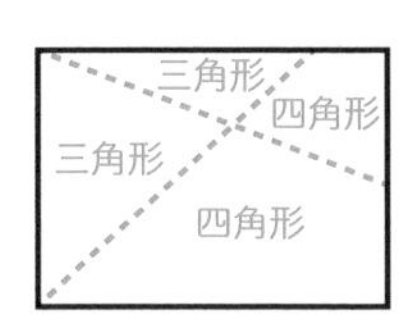

（答え）三角形　２つ，四角形　２つ

（２）　-----の　直線で　切ると
　下の　ように　なります。

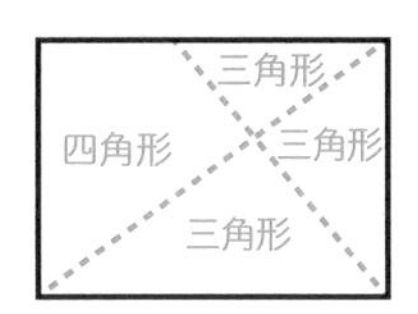

（答え）三角形　３つ，四角形　１つ

3

　正方形は　４つの　かどが
ぜんぶ　直角で，４つの　辺の
長さが　ぜんぶ　同じ　四角形です。
　直角三角形は　直角の　かどが
ある　三角形です。
　４つの　かどが　ぜんぶ　直角に
なって　いる　四角形は，(え)，(お)，
(き)，(く)です。このうち，４つの
辺の　長さが　ぜんぶ
同じなのは，(え)，(き)です。(あ)は
かどが　直角では　ないので，
正方形では　ありません。
　直角の　かどが　ある　三角形は，
(う)，(か)です。
　(い)は，直角の　かどが　ないので，
直角三角形では　ありません。

（答え）　正方形　(え)，(き)

直角三角形　(う)，(か)

4

（1） 長方形の　むかい合う　辺の
長さは　同じです。

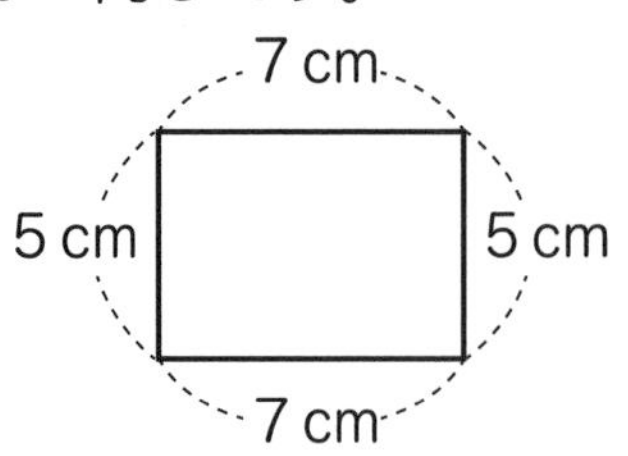

5＋5＋7＋7＝24で，
24cmです。

（答え）　24cm

（2） 直角三角形は，直角の
かどが　ある　三角形です。
長方形の　4つの　かどは
ぜんぶ　直角です。
下のように　直線を　ひくと
2つの　直角三角形に
分けられます。

（答え）
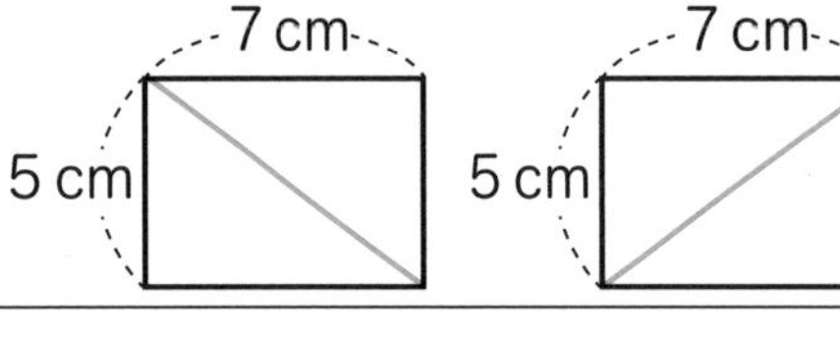

2-9 はこの　形

P80，81

かいとう

1 （1） 8cm　（2） 2つ
2 ㋒
3 （1） 12本　（2） 8こ
4 ㋒

かいせつ

1

（1） 右の　図で
同じ　しるしを
つけた　辺が
同じ　長さです。
㋐の　長さは
8cmです。

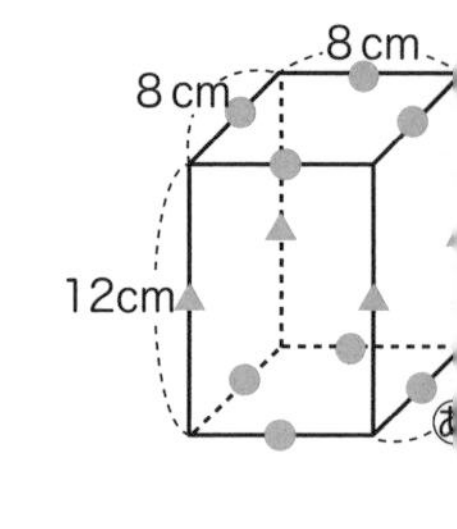

（答え）　8cm

（2） この　はこの　ぜんぶの　面を
うつしとると，右上のように
なります。

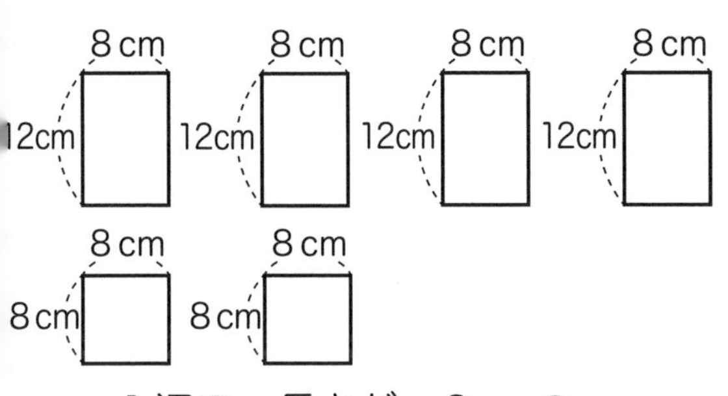

1辺の　長さが　8cmの
正方形が　2つ　あります。

（答え）　2つ

2

この　はこの　ぜんぶの　面を
うつしとると，下のように
なります。

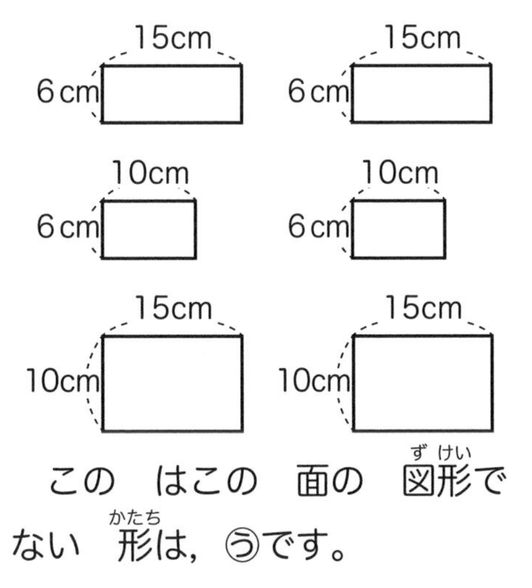

この　はこの　面の　図形(ずけい)で
ない　形(かたち)は，㋒です。

（答え）　㋒

3

（1）　○を　つけた　ところが
辺です。

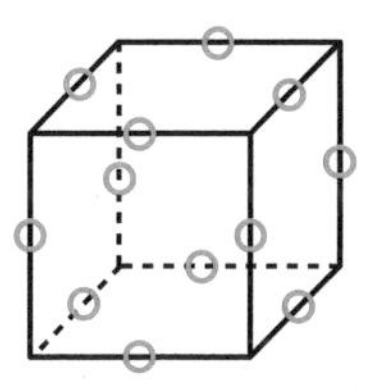

さいころの　形に，辺は
12本　あります。

（答え）　12本

（2）　△を　つけた　ところが
ちょう点(てん)です。

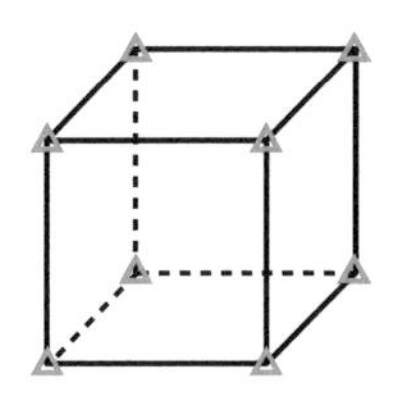

さいころの　形に，ちょう点は
8こ　あります。

（答え）　8こ

4

同じ 長さの 辺を
つなぎ合わせる ことが
できない ものを えらびます。
正方形の 面が 2つ ある
はこの 形は，のこりの 4つの
面は，同じ 形の 長方形に
なります。㋒は，正方形の 面が
2つ ありますが，同じ 形の
長方形が 4つ ないので，
はこの 形には なりません。

（答え） ㋒

2－10 かんたんな 分数

P84，85

かいとう

1 (1) $\frac{1}{2}$（二分の一）

(2) $\frac{1}{3}$（三分の一）

(3) $\frac{1}{8}$（八分の一）

(4) $\frac{1}{6}$（六分の一）

2 $\frac{1}{7}$（七分の一）

3 ㋒，㋔

かいせつ

1

(1) もとの 大きさを 同じ
大きさで 2つに 分けた
1つ分の 大きさなので，$\frac{1}{2}$です

（答え）$\frac{1}{2}$（二分の一）

(2) もとの 大きさを 同じ
大きさで 3つに 分けた
1つ分の 大きさなので，$\frac{1}{3}$です

（答え）$\frac{1}{3}$（三分の一）

(3) もとの 大きさを 同じ
大きさで 8つに 分けた
1つ分の 大きさなので，$\frac{1}{8}$です

（答え）$\frac{1}{8}$（八分の一）

(4) もとの 大きさを 同じ
大きさで 6つに 分けた
1つ分の 大きさなので，$\frac{1}{6}$です

（答え）$\frac{1}{6}$（六分の一）

②

もとの　大きさを　同じ
大きさで　７つに　分けた
１つ分の　大きさなので，$\frac{1}{7}$です。

（答え）$\frac{1}{7}$（七分の一）

③

ⓐは，もとの　大きさを　同じ
大きさで　４つに　分けて　います。
ⓘは，もとの　大きさを
８つに　分けて　いますが，
分けた　大きさが　同じでは
ありません。
ⓤは，もとの　大きさを　同じ
大きさで　８つに　分けて
います。
ⓔは，分ける　前(まえ)の　大きさが，
もとの　大きさと　同じでは
ありません。
ⓞは，もとの　大きさを　同じ
大きさで　８つに　分けて
います。

（答え）　ⓤ，ⓞ

算数検定とくゆうもんだい

P88，89

かいとう

1 （１）ⓐ　（２）９こ

2 ⓐ０　ⓘ２　（ⓐ２　ⓘ０）
ⓤ１　ⓔ９　（ⓤ９　ⓔ１）
ⓞ３　ⓚ４　（ⓞ４　ⓚ３）
ⓚⓘ５　ⓚⓤ７　（ⓚⓘ７　ⓚⓤ５）
ⓚⓔ６　ⓚⓞ８　（ⓚⓔ８　ⓚⓞ６）

（上記の丸囲み文字は，き＝ⓚⓘ，く＝ⓚⓤ，け＝ⓚⓔ，こ＝ⓚⓞ，か＝ⓚ）

3 （１）５番(ばん)め　（２）２番め

かいせつ

1

●○○◎　４この　しるしが
１つの　まとまりで　ならんで
くりかえして　います。

（１）　|●○○◎|●○○◎|●○○◎|●
　　　 1 2 3 4　5 6 7 8　9 10 11 12 13

13番めは，●○○◎の
まとまりの　１こめなので，●に
なります。

（答え）　ⓐ

(2)　18番(ばん)めまでに　4この　しるしの　まとまりが　何回(なんかい)　くりかえされるか　考(かんが)えます。

4×4＝16なので，16番め　までに　4この　しるしの　まとまりが　4回　くりかえされます。

1つの　まとまりに　○は　2こ　あります。16番めまでは　4回分(ぶん)の　まとまりが　あるので，2×4＝8　あります。

17番めが　●，18番めが　○なので，18番めまでに　○は　8＋1＝9　あります。

（答え）　9こ

2

あ×い＝0を　考えます。

答(こた)えが　0に　なる　かけ算(ざん)は，かける数(かず)か　かけられる数の　どちらかが　0です。あか　いの　どちらかが　0です。

う×え＝9を　考えます。

答えが　9に　なる　九九(くく)は，1×9，3×3，9×1が　あります。うと　えには　ちがう　数が　入(はい)るので，

う×え＝9は，

1×9＝9（9×1＝9）です。

き×く＝35を　考えます。

答えが　35に　なる　九九は，5×7，7×5なので，

き×く＝35は，

5×7＝35（7×5＝35）です。

け×こ＝48を　考えます。

答えが　48に　なる　九九は，6×8，8×6なので，

け×こ＝48は，

6×8＝48（8×6＝48）です。

[お]×[か]＝12を　考えます。
答えが　12に　なる　九九は，
2×6，3×4，4×3，6×2が
あります。6は　[け]×[こ]＝48で
つかったので，[お]×[か]＝12は，
3×4＝12（4×3＝12）です。

のこった　数は，0と　2なので，
[あ]×[い]＝0は，
0×2＝0（2×0＝0）です。

（答え）

あ 0	い 2	（あ 2	い 0）
う 1	え 9	（う 9	え 1）
お 3	か 4	（お 4	か 3）
き 5	く 7	（き 7	く 5）
け 6	こ 8	（け 8	こ 6）

3

（1）　たくみさんが　前（まえ）から
4番めで，ありささんは，
たくみさんの　すぐ
後（うし）ろなので，ありささんは
前から　5番めです。

（答え）　5番め

（2）　たくみさんが　前から
4番め，ありささんは　5番め，
ななこさんは　いちばん
前なので，のこりの
さくらさんと　かずきさんは，
前から　2番めと　3番めの
どちらかです。

〈前〉　ななこさん　○　○　たくみさん　ありささん　〈後ろ〉

さくらさんは，かずきさんの
すぐ　前なので，さくらさんの
ほうが　前で，かずきさんの
ほうが　後ろです。
前から　2番めが　さくらさん，
3番めが　かずきさんです。

（答え）　2番め

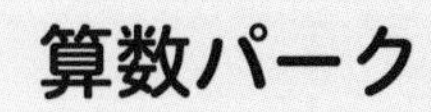

算数パーク

P24，25

ラインリンク

もんだい 1

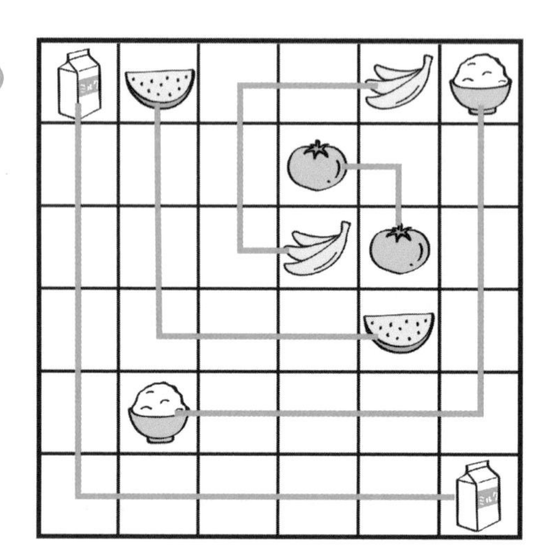

もんだい 2

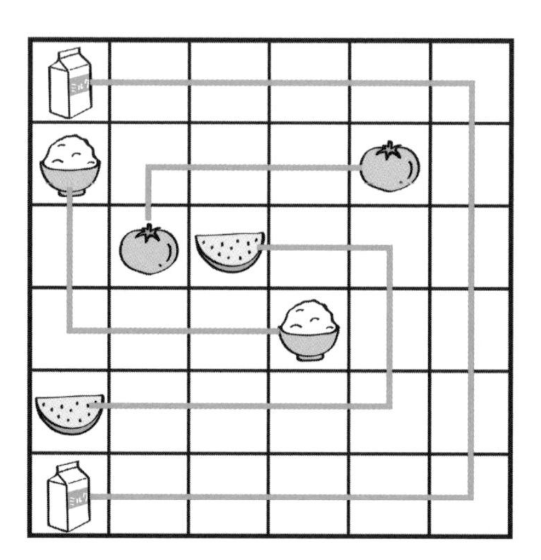

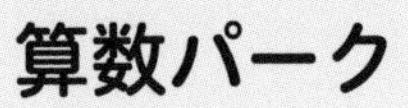

算数パーク

P42，43

計算めいろ

もんだい 1

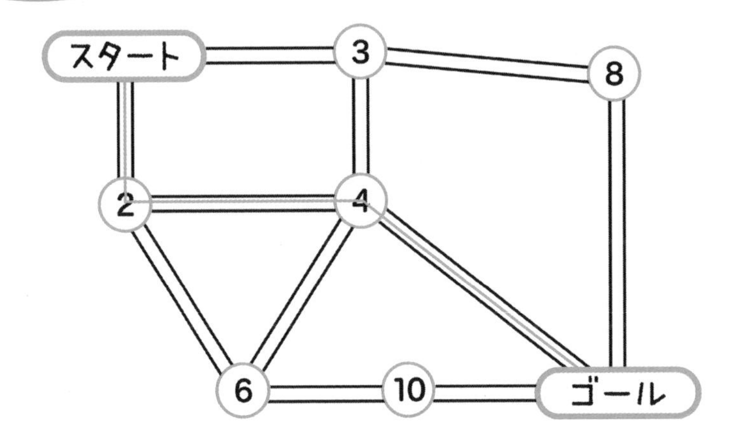

(答え)　6

もんだい 2

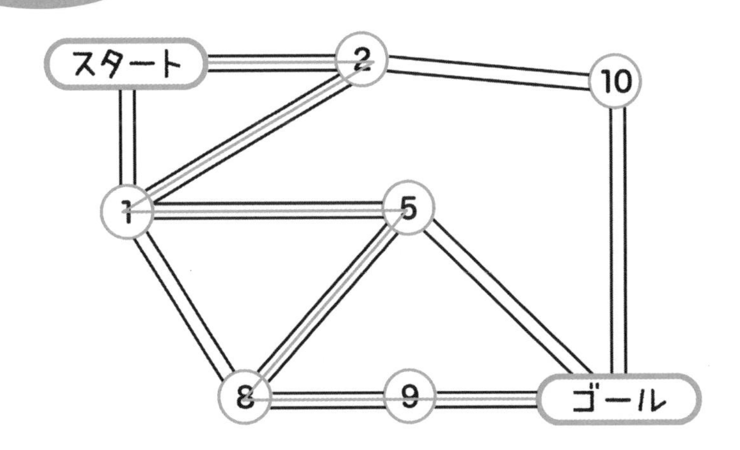

(答え)　25

算数パーク

P64，65

数(かず)あそび①

もんだい１

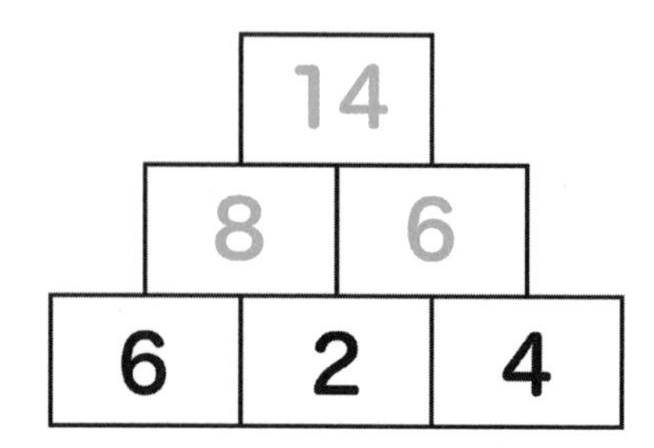

もんだい２

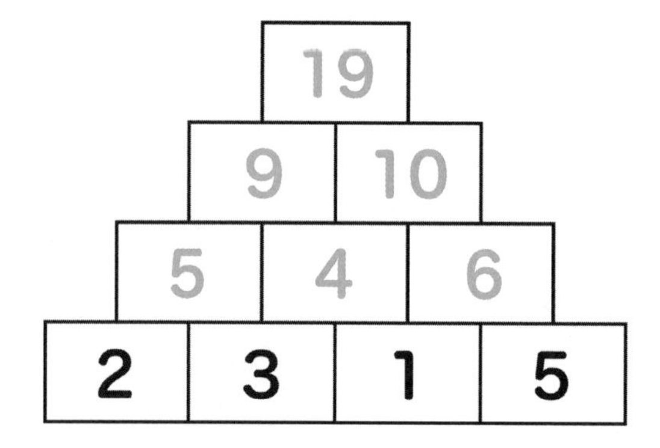

算数パーク

P86，87

数あそび②

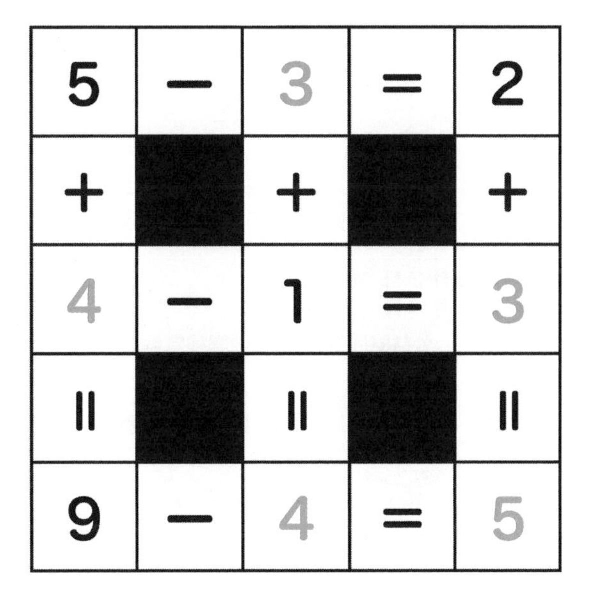

◉解説執筆協力：功刀 純子
◉DTP：株式会社 明昌堂
◉カバーデザイン：浦郷 和美
◉イラスト：坂木 浩子

◉編集担当：吉野 薫・加藤 龍平・阿部 加奈子

親子ではじめよう 算数検定10級

2023年5月2日 初 版発行
2024年4月11日 第2刷発行

編 者	公益財団法人 日本数学検定協会
発行者	髙田 忍
発行所	公益財団法人 日本数学検定協会 〒110-0005 東京都台東区上野五丁目1番1号 FAX 03-5812-8346 https://www.su-gaku.net/
発売所	丸善出版株式会社 〒101-0051 東京都千代田区神田神保町二丁目17番 TEL 03-3512-3256 FAX 03-3512-3270 https://www.maruzen-publishing.co.jp/
印刷・製本	株式会社ムレコミュニケーションズ

ISBN978-4-86765-009-7 C0041

＊本の内容についてお気づきの点は、書名を明記の上、公益財団法人日本数学検定協会宛に郵送・FAX(03-5812-8346)いただくか、当協会ホームページの「お問合せ」をご利用ください。電話での質問はお受けできません。また、正誤以外の詳細な解説指導や質問対応は行っておりません。

算数検定

別冊

本体から取りはずすこともできます。

第1回

● つぎの　計算(けいさん)を　しましょう。

(1)　8＋5

(2)　13－4

(3)　20＋50

(4)　48－4

(5)　$7+3+5$

(6)　$43+38$

(7)　$82-36$

(8)　$503+57$

(9)　2×9

(10)　7×7

答えは
10ページを
見てね！

第2回

● つぎの　計算（けいさん）を　しましょう。

（1）　9＋3

（2）　16－8

（3）　70－50

（4）　53＋6

(5)　$13-3-4$

(6)　$34+77$

(7)　$65-37$

(8)　$732-18$

(9)　4×2

(10)　9×4

答え(こた)は10ページを見(み)てね！

第3回

● つぎの　計算（けいさん）を　しましょう。

（1）　5＋7

（2）　14－9

（3）　60＋30

（4）　86－5

(5)　$4+6+2$

(6)　$35+98$

(7)　$104-79$

(8)　$467-48$

(9)　5×3

(10)　6×8

第4回

● つぎの　計算(けいさん)を　しましょう。

（1）　3＋9

（2）　17－9

（3）　80－30

（4）　57＋2

（5） $17-7-6$

（6） $44+88$

（7） $146-98$

（8） $515+37$

（9） 3×8

（10） 8×9

答えは10ページを見てね！

解答

第1回

(1) 13　(2) 9
(3) 70　(4) 44
(5) 15　(6) 81
(7) 46　(8) 560
(9) 18　(10) 49

第2回

(1) 12　(2) 8
(3) 20　(4) 59
(5) 6　(6) 111
(7) 28　(8) 714
(9) 8　(10) 36

第3回

(1) 12　(2) 5
(3) 90　(4) 81
(5) 12　(6) 133
(7) 25　(8) 419
(9) 15　(10) 48

第4回

(1) 12　(2) 8
(3) 50　(4) 59
(5) 4　(6) 132
(7) 48　(8) 552
(9) 24　(10) 72

解答用紙

(1)	
(2)	
(3)	
(4)	
(5)	
(6)	
(7)	
(8)	
(9)	
(10)	

キリトリ線

解答用紙（かいとうようし）

(1)	
(2)	
(3)	
(4)	
(5)	
(6)	
(7)	
(8)	
(9)	
(10)	

キリトリ線

解答用紙

(1)	
(2)	
(3)	
(4)	
(5)	
(6)	
(7)	
(8)	
(9)	
(10)	

キリトリ線

解答用紙（かいとうようし）

(1)	
(2)	
(3)	
(4)	
(5)	
(6)	
(7)	
(8)	
(9)	
(10)	

キリトリ線